职业教育精品系列教材
高校"青蓝工程"资助项目

# AutoCAD 2014 中文版
# 从入门到精通项目实例教程

董凤慧　主编

苏州大学出版社

**图书在版编目(CIP)数据**

AutoCAD 2014 中文版从入门到精通项目实例教程／
董夙慧主编. —苏州：苏州大学出版社，2015.6
职业教育精品系列教材
ISBN 978-7-5672-1314-2

Ⅰ.①A… Ⅱ.①董… Ⅲ.①AutoCAD软件－高等职业
教育－教材 Ⅳ.①TP391.72

中国版本图书馆 CIP 数据核字(2015)第 092158 号

**AutoCAD 2014 中文版从入门到精通项目实例教程**
董夙慧　主编
责任编辑　周建兰

苏州大学出版社出版发行
（地址：苏州市十梓街1号　邮编：215006）
宜兴市盛世文化印刷有限公司印装
（地址：宜兴市万石镇南漕河滨路58号　邮编：214217）

开本 787 mm×1 092 mm　1/16　印张 16 字数 380 千
2015 年 6 月第 1 版　2015 年 6 月第 1 次印刷
ISBN 978-7-5672-1314-2　定价：36.00 元

苏州大学版图书若有印装错误，本社负责调换
苏州大学出版社营销部　电话：0512-65225020
苏州大学出版社网址　http://www.sudapress.com

# 前　言

　　AutoCAD 软件是由美国欧特克有限公司(Autodesk)出品的一款自动计算机辅助设计软件,利用它可以绘制二维图形和进行基本三维设计。AutoCAD 具有广泛的适应性,它可以在各种操作系统支持的微型计算机和工作站上运行。目前,该软件已在全球范围内被广泛使用,成为国际上广为流行的绘图工具。它主要用于土木建筑、装饰装潢、工业制图、工程制图、电子工业、服装加工等多方面领域。AutoCAD 具有良好的用户界面,通过交互菜单或命令行方式便可以进行各种操作。它的多文档设计环境,让非计算机专业人员也能很快地学会使用。

　　本教材根据高等职业院校学生的实际情况编写,旨在帮助读者用较短的时间快速熟练地掌握使用 AutoCAD 2014 中文版绘制各种各样图形实例的应用技巧,并提高建筑制图和网络施工图的设计质量。本书具有如下特色:(1) 讲练结合、案例丰富,充分考虑工程应用软件的特点和学习规律,在理论讲解之余,还安排大量实例供读者练习提高;(2) 学以致用、提升能力,除了对软件功能精细讲解,对关键技巧进行悉心点评和提示之外,还突出专业应用背景,引入完整工程应用实例。

　　全书共 12 个项目,其中项目一~项目八为基础篇,从软件的基本操作入手,深入浅出地讲述了 AutoCAD 2014 的基本功能和使用技巧。项目一介绍了 AutoCAD 2014 的相关概念和基本操作;项目二介绍了绘图设置;项目三介绍了基本绘图操作;项目四介绍了进阶绘图操作;项目五介绍了图形编辑操作;项目六介绍了图块与外部参照操作;项目七介绍了文字书写和表格的使用;项目八介绍了尺寸标注方法。项目九~项目十二为实战篇,结合项目实例,介绍了软件在装饰装潢行业、工业生产、网络布线中的实践应用。项目九、项目十介绍了 AutoCAD 软件在装饰施工图纸绘制中的应用;项目十一介绍了 AutoCAD 软件在三维模型绘图中的应用;项目十二介绍了 AutoCAD 软件在综合布线绘图中的应用。

　　本书由董夙慧任主编,邹钰、刘静、过玉清任副主编。参与本书编写工作的人员还有尹振鹤、朱飞等。

　　由于编者水平有限,书中难免有疏漏之处,敬请广大读者提出宝贵意见。

编者

2015 年 3 月

# 目　录
## contents

**项目一　初识 AutoCAD 2014** ································· 1
　　任务一　AutoCAD 2014 中文版的启动 ················· 1
　　任务二　AutoCAD 2014 中文版的工作界面介绍 ····· 2
　　任务三　命令的使用 ·········································· 7
　　任务四　鼠标的定义 ·········································· 8
　　任务五　图形文件的基本操作 ····························· 9

**项目二　绘图设置** ················································· 15
　　任务一　设置工具栏 ········································· 15
　　任务二　设置坐标系 ········································· 19
　　任务三　设置图形单位与界限 ···························· 21
　　任务四　设置图层 ············································ 22
　　任务五　设置图形对象特性 ······························· 31
　　任务六　设置非连续线的外观 ···························· 34

**项目三　基本绘图操作** ··········································· 37
　　任务一　绘制直线 ············································ 37
　　任务二　绘制矩形 ············································ 38
　　任务三　绘制圆和圆弧 ······································ 39
　　任务四　绘制点 ··············································· 46

**项目四　进阶绘图操作** ··········································· 49
　　任务一　绘制椭圆 ············································ 49
　　任务二　绘制多线 ············································ 51
　　任务三　绘制多段线 ········································· 58
　　任务四　绘制圆环 ············································ 59
　　任务五　绘制样条曲线 ······································ 60
　　任务六　设置与编辑图案填充 ···························· 61

任务七　创建面域 …………………………………………………………………… 63

## 项目五　图形编辑操作 …………………………………………………………… 64

　　任务一　选择图形对象 …………………………………………………………… 64
　　任务二　调整和复制图形对象 …………………………………………………… 69
　　任务三　移动图形对象 …………………………………………………………… 74
　　任务四　调整图形形状 …………………………………………………………… 76
　　任务五　编辑图形 ………………………………………………………………… 77
　　任务六　倒角操作 ………………………………………………………………… 81
　　任务七　设置图形对象属性 ……………………………………………………… 83
　　任务八　平面视图操作 …………………………………………………………… 85

## 项目六　图块与外部参照操作 …………………………………………………… 92

　　任务一　创建图块 ………………………………………………………………… 92
　　任务二　插入图块 ………………………………………………………………… 95
　　任务三　定义图块属性 …………………………………………………………… 96
　　任务四　修改图块属性 …………………………………………………………… 97
　　任务五　创建动态块 ……………………………………………………………… 100
　　任务六　创建外部参照 …………………………………………………………… 101

## 项目七　书写文字与应用表格 …………………………………………………… 104

　　任务一　设置文字样式 …………………………………………………………… 104
　　任务二　创建单行文字 …………………………………………………………… 109
　　任务三　创建多行文字 …………………………………………………………… 110
　　任务四　创建和编辑表格 ………………………………………………………… 111

## 项目八　标注尺寸 …………………………………………………………………… 121

　　任务一　设置尺寸标注样式 ……………………………………………………… 121
　　任务二　标注线型尺寸 …………………………………………………………… 125
　　任务三　标注对齐尺寸 …………………………………………………………… 126
　　任务四　标注半径尺寸 …………………………………………………………… 127
　　任务五　标注直径尺寸 …………………………………………………………… 128
　　任务六　标注角度尺寸 …………………………………………………………… 129
　　任务七　标注基线尺寸 …………………………………………………………… 130
　　任务八　标注连续尺寸 …………………………………………………………… 131
　　任务九　标注形位公差 …………………………………………………………… 132
　　任务十　创建圆心标注 …………………………………………………………… 134
　　任务十一　快速标注 ……………………………………………………………… 134

## 项目九　创建室内绘图模板 ·············································· 136
 任务一　设置样板文件 ·················································· 136
 任务二　创建基本样式 ·················································· 140
 任务三　绘制基本常用图块 ············································ 145

## 项目十　绘制装饰施工图纸 ·············································· 154
 任务一　了解装饰施工图 ··············································· 154
 任务二　绘制原始平面图 ··············································· 156
 任务三　绘制平面布置图 ··············································· 170
 任务四　绘制地面布置图 ··············································· 174

## 项目十一　三维模型绘图实例 ·········································· 180
 任务一　绘制串珠积木 ·················································· 180
 任务二　绘制儿童滑梯玩具——构件建模 ······················· 189
 任务三　绘制滑梯二——组合滑梯 ································· 200

## 项目十二　综合布线图绘制实例 ······································ 209
 任务一　绘制综合布线系统图 ········································ 210
 任务二　绘制综合布线系统管线路由图 ·························· 216
 任务三　绘制机柜配线架信息点分布图 ·························· 219
 任务四　绘制网络中心机柜布局图 ································· 223
 任务五　绘制综合布线施工图 ········································ 229
 任务六　绘制技能比赛系统图 ········································ 234
 任务七　绘制技能比赛施工图 ········································ 239

# 项目一

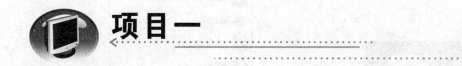

初识 AutoCAD 2014

【学前提示】

AutoCAD 软件是由美国欧特克有限公司（Autodesk）出品的一款自动计算机辅助设计软件，利用它无需编程知识即可自动制图，因此它在全球范围内被广泛应用于土木建筑、装饰装潢、工业制图、工程制图、电子工业、服装加工等多领域。

【本章要点】

- AutoCAD 界面介绍。
- 鼠标的定义。
- 图形文件的基本操作。
- 使用帮助和其他资源。

【学习目标】

- 初识 AutoCAD。
- 熟悉 AutoCAD 用户界面组成。
- 掌握使用 AutoCAD 命令的方法。

 任务一　AutoCAD 2014 中文版的启动

启动 AutoCAD 2014 中文版有以下三种方法。

**一、双击桌面上的快捷图标**

安装完 AutoCAD 2014 中文版后，默认设置将在 Windows 2000/NT/XP 等系统的桌面上产生一个快捷图标，如图 1-1 所示，双击该快捷图标，即可启动 AutoCAD 2014 中文版。

图 1-1  AutoCAD 2014 图标

图 1-2  启动 AutoCAD 2014

**二、选择菜单命令**

选择"开始"→"程序"→"Autodesk"→"AutoCAD 2014（Simplified Chinese）"→"AutoCAD 2014"命令，如图 1-2 所示，即可启动 AutoCAD 2014 中文版。

**三、双击图形文件**

若已存在 AutoCAD 的图形文件（*.dwg），双击该图形文件，即可启动 AutoCAD 2014 中文版，并在窗口中打开该图形文件。

## 任务二  AutoCAD 2014 中文版的工作界面介绍

**一、标题栏**

标题栏显示了软件的名称、版本以及当前绘制的图形文件的文件名。运行 AutoCAD 2014 中文版，在没有打开任何图形文件的情况下，标题栏显示的是"AutoCAD 2014-[Drawing1.dwg]"，其中"Drawing1"是系统默认的文件名，".dwg"是 AutoCAD 图形文件的后缀名。

**二、菜单栏**

AutoCAD 2014 的菜单栏位于标题栏的下方，包括"文件（F）"、"编辑（E）"、"视图（V）"、"插入（I）"、"格式（O）"、"工具（T）"、"绘图（D）"、"标注（N）"、"修改（M）"、"窗口（W）"和"帮助（H）"11 个菜单，集合了 AutoCAD 2014 中的所有命令。用户只要单击其中的一个菜单，即可得到该菜单的子菜单，如图 1-3 所示，从子菜单中可以选择相应的菜单命令。

各菜单的主要功能如下：

◆ 文件：该菜单用于图形文件的管理，包括新建、打开、存盘、打印、输入和输出等命令。

◆ 编辑：该菜单用于对文件进行常规编辑，包括复制、剪切、粘贴和链接等命令。

◆ 视图：该菜单用于管理操作界面，包括图形缩放、图形平移、视图设置、着色及渲染等操作。另外，用户还可通过该菜单设置工具条菜单。

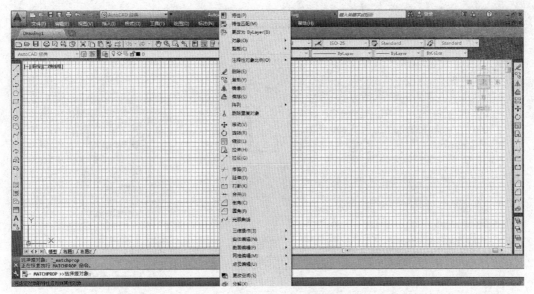

图 1-3　AutoCAD 2014 工作界面

◆ 插入：该菜单用于在当前 CAD 绘图状态下，插入所需要的图块或其他格式的文件。

◆ 格式：该菜单用于设置与绘图环境相关的参数，包括图层、颜色、线型、文字样式、标注样式和点样式等。

◆ 工具：该菜单为用户设置了一些辅助绘图工具，如拼写检查、快速选择和查询等。

◆ 绘图：该菜单包括了几乎所有的二维和三维图形的绘图命令。

◆ 标注：该菜单用于对图形进行尺寸标注，它包含了所有形式的标注命令。

◆ 修改：该菜单用于对图形进行复制、旋转、平移等编辑操作命令。

◆ 参数：该菜单主要用于参数化图形以及创建几何约束、创建标注约束、编辑受约束的几何图形等。

◆ 窗口：该菜单用于在多文档状态时各文档的视窗布置。

◆ 帮助：该菜单用于提供用户在使用 AutoCAD 时所需的帮助信息。

在使用菜单进行操作时，应先将鼠标移动到所要选择的菜单项上，然后单击，弹出相应的菜单命令，移动鼠标光标到所需的菜单命令上，被选中的菜单命令将呈高亮度显示，单击即可执行该命令。

注意：执行有"…"符号的命令后，将打开一个与此命令有关的对话框，如图 1-4 所示为"打印"对话框，用户可按照此对话框的要求执行该命令。

有"▶"符号的命令表示该命令还包含下一级子菜单。

如果需要退出菜单命令的选择状态，则只需将光标移到绘图区，然后单击或按〈Esc〉键，则菜单命令消失，命令行恢复到等待输入命令的状态。

另外，还有右键快捷菜单，右击后，将在光标的位置或该位置附近显示快捷菜单。快捷菜单及其提供的选项取决于光标位置和其他条件，如是否选定了对象或是否正在执行命令。

如图 1-5 所示为在执行"直线"命令过程中右击，屏幕上弹出的右键快捷菜单。

图 1-4 "打印"对话框　　　　　　　　图 1-5 右键快捷菜单

### 三、工具栏

工具栏由形象化的图标按钮组成,它提供了选择 AutoCAD 命令的快捷方式。单击工具栏中的图标按钮,AutoCAD 即可启用相应的命令。AutoCAD 2014 提供了 30 个工具栏。默认的工作空间下会显示"标准"、"对象特性"、"样式"、"工作空间"、"图层"、"绘图"、"绘图顺序"和"修改"8 个工具栏,如图 1-6 所示。

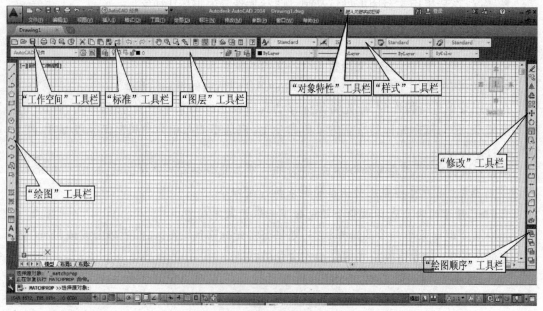

图 1-6　AutoCAD 2014 工具栏

将鼠标移到某个图标按钮之上,并稍作停留,系统将显示该图标按钮的名称,同时状态栏会显示该图标按钮的功能与相应命令的名称。

### 四、图纸集管理器

图纸集管理器位于绘图窗口的左边,它提供了管理图形文件的各种工具。用户可将图形布局组织为图纸集,以便于图纸的管理、传递、发布和归档。

单击图纸管理器左上方的 ✕ 按钮,可以将其关闭。在菜单栏中选择"工具"→"图纸集管理器"命令,或者单击工具栏上的"图纸集管理器"按钮 ,可以将其打开。

### 五、命令行

命令行是用户与 AutoCAD 进行交互式对话的位置,用于输入相应的命令,并同时显示系统的提示信息。命令行位于绘图窗口的下方,是一个水平方向较长的小窗口,如图 1-7 所示。

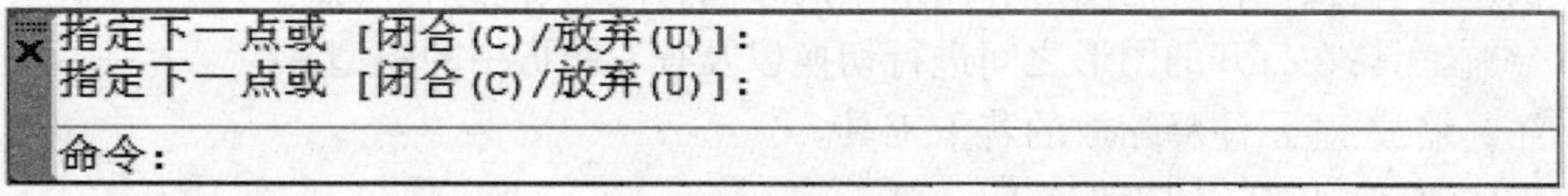

```
指定下一点或 [闭合(C)/放弃(U)]:
指定下一点或 [闭合(C)/放弃(U)]:
命令:
```

图 1-7 命令行窗口

将鼠标放置于命令行的上边框线时显示双向箭头,此时按住左键并上下移动,即可调整其大小。若用户需要了解更详细的命令提示信息,可以按〈F2〉键,打开 AutoCAD 文本窗口,如图 1-8 所示,从中可以查看更多的信息。再次按〈F2〉键,即可关闭该窗口。

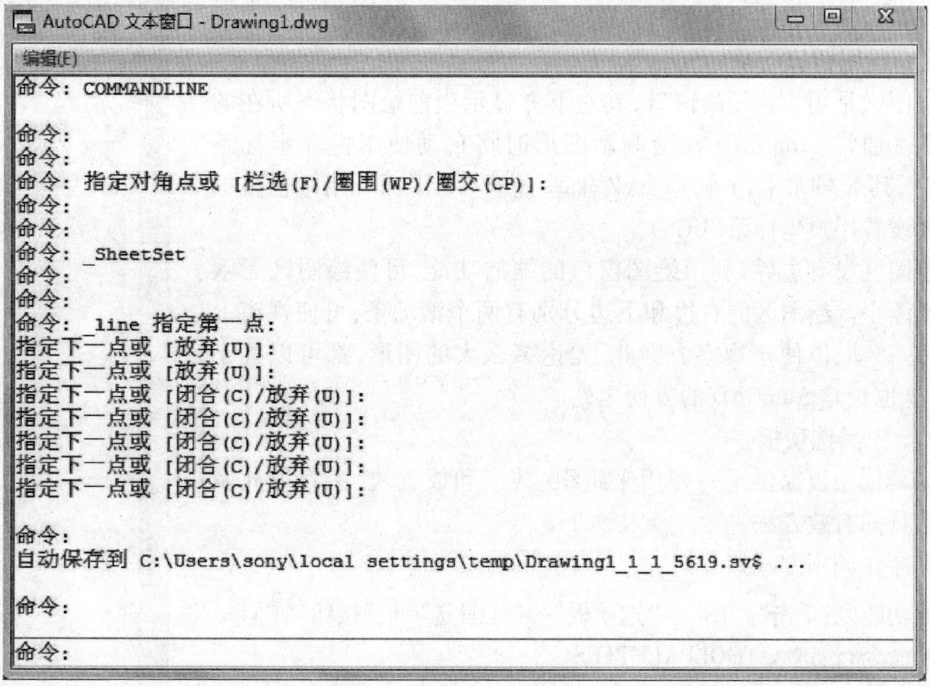

```
AutoCAD 文本窗口 - Drawing1.dwg
编辑(E)
命令: COMMANDLINE
命令:
命令:
命令: 指定对角点或 [栏选(F)/圈围(WP)/圈交(CP)]:
命令:
命令: _SheetSet
命令:
命令:
命令: _line 指定第一点:
指定下一点或 [放弃(U)]:
指定下一点或 [放弃(U)]:
指定下一点或 [闭合(C)/放弃(U)]:
指定下一点或 [闭合(C)/放弃(U)]:
指定下一点或 [闭合(C)/放弃(U)]:
指定下一点或 [闭合(C)/放弃(U)]:
指定下一点或 [闭合(C)/放弃(U)]:
命令:
自动保存到 C:\Users\sony\local settings\temp\Drawing1_1_1_5619.sv$ ...
命令:
命令:
```

图 1-8 AutoCAD 文本窗口

## 六、状态栏

状态栏位于屏幕最下方,可显示光标的坐标值、绘图工具、导航工具以及用于快速查看和注释缩放的工具,如图1-9所示。

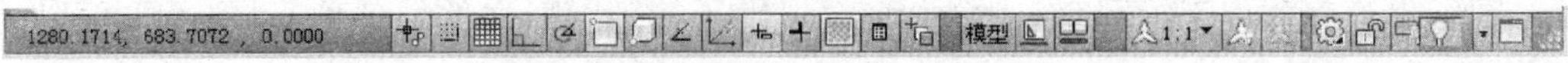

图1-9 状态栏

- 坐标值:显示光标所在位置的坐标。
- 绘图工具:包含"捕捉模式"、"栅格显示"、"正交模式"、"极轴追踪"、"对象捕捉"、"对象捕捉追踪"、"允许/禁止动态USC"、"动态输入"、"隐藏/显示线宽"和"快捷特性"等按钮。单击这些按钮可以打开和关闭常用的绘图辅助工具,并可以通过右键快捷菜单轻松地更改这些绘图工具的设置。
- 快速查看:预览打开的图形和图形中的布局,并在其间进行切换。
- 导航工具:在打开的图形之间进行切换以及查看图形中的模型。
- 注释缩放:显示注释缩放的若干工具。
- 工作空间:切换不同工作空间。
- 锁定按钮:可锁定工具栏和窗口的当前位置。
- 状态栏菜单:向应用程序状态栏添加按钮或从中删除按钮。
- 全屏显示:使用应用程序状态栏上的"全屏显示"按钮,可以将图形显示区域展开为仅显示菜单栏、状态栏和命令窗口。再次单击该按钮可恢复先前设置。

## 七、绘图窗口

绘图区是用户绘图的窗口,其左下方显示当前绘图状态所在的坐标系。通常,AutoCAD在绘制新图形时将自动使用世界坐标系(WCS),其X轴水平,Y轴垂直,Z轴垂直于XY平面。用户也可根据需要设置用户坐标系(UCS)。

绘图区没有边界,利用绘图窗口的缩放功能,可使绘图区无限放大或缩小。绘图区的右边和下边分别有两个滚动条,可使视窗上下、左右移动,以便于观察。因此,无论多么大的图形,都可以置于其中,这也正是AutoCAD的方便之处。

## 八、工具选项板

工具选项板提供了一种用来组织、共享和放置块、图案填充及其他工具的有效方法。

其命令调用方式如下:

- 功能区:单击"视图"→"选项板"→"工具选项板"按钮  。
- 命令行:键入TOOLPALETTES。

AutoCAD 2014默认可创建多个专业选项板,图1-10所示为"建模"选项板,包括圆柱形螺旋、二维螺旋、椭圆形圆柱体、平截面圆锥

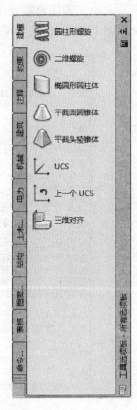

图1-10 工具选项板

体、平截头棱锥体等图块。

通过多种方法可以在工具选项板中添加工具,如将对象从图形拖至工具选项板来创建工具。然后可以使用新工具创建与拖至工具选项板的对象具有相同特性的对象,以加快和简化工作。

工具选项板的选项和设置可以从右击时弹出的"工具选项板"窗口中显示的各区域的快捷菜单中获得。

只有在能创建工具选项板的 AutoCAD 产品版本中才可以使用工具选项板,在以前的版本中不能使用。

## 任务三 命令的使用

【实战演练1】 命令的启动方式

当命令行出现"命令"提示时,表示系统正处于准备接收命令状态。当命令开始执行后,用户必须按照命令行的提示进行每一步操作,直到完成该命令。AutoCAD 输入命令的途径如下:

- 功能区面板:通过单击面板中的相应按钮输入命令。
- 命令行:由键盘在命令行输入命令。
- 下拉菜单:在"AutoCAD 经典"工作空间通过选择下拉菜单输入命令。
- 工具栏:通过单击工具栏按钮输入命令。
- 鼠标右键:在不同的区域右击,会弹出相应的菜单,从菜单中选择执行命令。

【实战演练2】 命令执行过程中的响应方式

激活命令后,在命令行中将显示一组选项或绘图区出现一个对话框,可以通过键盘、鼠标或右键快捷菜单来响应。

命令行选项的输入方式如下:

- [ ]:内为可选项,由"/"分开,如"命令:_circle 指定圆的圆心或[三点(3P)/两点(2P)/切点、切点、半径(T)]":输入选项中所给大写或小写字母并按〈Enter〉键,即选择了该选项,或者通过右键快捷菜单来选择。
- < >:内为默认设置,如"指定圆的半径或直径(D) <30.0000>":可直接按 <Enter> 键确认圆的半径为30。

【实战演练3】 近期、重复、取消、透明命令的使用

一、近期使用的命令

在命令行单击右键,在弹出的右键快捷菜单中选择"最近的输入",选择最近使用的命令。

二、重复命令

如要重复执行上一个命令,则可通过以下方式输入。

- 〈Enter〉键或空格键:当一个命令结束后,直接按〈Enter〉键或空格键可重复刚刚结束

的命令。
- "重复＊＊＊"：在绘图区单击右键，在弹出的右键快捷菜单中选择"重复＊＊＊"。
- 命令行：输入"multiple＋空格＋命令名"来重复命令，如输入"multiple circle"，则系统将会在结束前一个绘制圆的命令后自动地再次执行画圆命令。

### 三、取消命令

如果要取消进行中的命令，一般可以一次或者多次按键盘左上角的〈Esc〉键。

### 四、透明命令

在 AutoCAD 中，当启动其他命令时，当前所使用的命令会自动终止。但有些命令可以"透明"使用，即在运行其他命令过程中不终止当前命令的前提下，单击透明命令工具栏按钮或在任何提示下输入透明命令之前先输入单引号（'），即可启动透明命令。完成透明命令后，将恢复执行原命令。

透明命令多为绘图辅助工具的命令或修改图形设置的命令，如"捕捉"、"栅格"、"极轴"、"窗口缩放"等。透明命令不能嵌套使用。

## 任务四　鼠标的定义

在 AutoCAD 2014 中文版中，鼠标的各个按键具有不同的功能。下面简要介绍各个按键的功能。

### 一、左键

左键为拾取键，用于单击工具栏按钮和选择命令来启用命令，也可以在绘图过程中选择点和图形对象等。

### 二、右键

右键默认情况下是用于显示快捷菜单，单击右键可以弹出快捷菜单。

用户可以自定义右键的功能，方法如下：

选择"工具"→"选项"命令，弹出"选项"对话框。单击"用户系统配置"选项卡，并单击其中的 自定义右键单击(I)... 按钮，弹出"自定义右键单击"对话框，如图 1-11 所示，用户可以在这个对话框中自定义右键的功能。

### 三、中键

中键常用于快速浏览图形。在绘图窗口中按住中键，移动光标可快速移动图形。双击中键，绘图窗口中将显示全部图形对象。当鼠标中键为滚轮时，将光标放置于绘图窗口中，转动滚轮，向下则缩小图形，向上则放大图形。

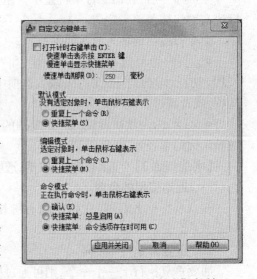

图 1-11　"自定义右键单击"对话框

## 任务五 图形文件的基本操作

【**实战演练1**】 新建图形文件

在应用 AutoCAD 进行绘图时,首先需要新建一个图形文件。AutoCAD 为用户提供了"新建"命令,用于新建图形文件。

启用命令的方法如下:
- 工具栏:"标准"工具栏中的"新建"按钮 。
- 菜单命令:"文件"→"新建"。
- 命令行:NEW。

启用"新建"命令,弹出"选择样板"对话框,如图 1-12 所示。用户可以选择系统提供的样板文件,或选择不同的单位制从空白文件开始创建图形。

图 1-12 "选择样板"对话框

1. 利用样板文件创建图形

在"选择样板"对话框中,系统在列表框中列出了许多标准的样板文件,从中选择一种样板文件,单击 打开(O) 按钮,将选择的样板文件打开,此时用户可在该样板文件上创建图形。用户也可以直接双击列表框中的样板文件,将其打开。

AutoCAD 根据绘图标准设置了相应的样板文件,其目的是为了使图纸统一,如使字体、标注样式和图层等一致。根据制图标准,AutoCAD 提供的样板文件可分为 6 大类,分别为 ANSI 标准样板文件、DIN 标准样板文件、GB 标准样板文件、ISO 标准样板文件、JIS 标准样板文件和空白样板文件。

若要绘制规格为国标 A4 的图纸,创建图形的操作步骤如下:

① 单击"标准"工具栏中的"新建"按钮 ,弹出"选择样板"对话框。

② 在"选择样板"对话框中,选择以 Gb_a4 开头的样板文件,其中 Gb 表示该样板文件为国标,a4 表示图纸的大小。

③ 单击 打开(O) 按钮,将选择的样板文件打开,然后在该样板文件中绘制图形。

2．从空白文件创建图形

在"选择样板"对话框中,AutoCAD 还提供了两个空白文件,分别为 acad 与 acadiso。当需要从空白文件开始创建图形时,可以选择这两个文件。

【实战演练 2】 打开图形文件

使用"打开"命令可以打开已存在的图形文件,这样用户便可浏览或编辑已绘制的图形文件。

启用命令的方法如下:

● 工具栏:"标准"工具栏中的"打开"按钮 。
● 菜单命令:"文件"→"打开"。
● 命令行:OPEN。

启用"打开"命令,弹出"选择文件"对话框,如图 1-13 所示。用户可通过不同的方式打开图形文件。

图 1-13 "选择文件"对话框

在"选择文件"对话框的列表框中选择要打开的文件,或者在"文件名"选项的文本框中输入要打开文件的路径与名称,然后单击 打开(O) 按钮,打开选中的图形文件。

单击 打开(O) 按钮右侧的 按钮,弹出下拉菜单。选择"以只读方式打开"命令,图形文件将以只读方式打开;选择"局部打开"命令,可以打开图形的一部分;选择"以只读方式局部打开"命令,可以以只读方式打开图形的一部分。

当图形文件包含多个命名视图时,选择"选择文件"对话框中的"选择初始视图"复选框,就可以在打开图形文件时指定显示的视图。

在"选择文件"对话框中单击 工具(L) 按钮,弹出下拉菜单。选择"查找"命令,弹出"查找"对话框,如图 1-14 所示,可以根据图形文件的名称、位置或修改日期来查找相应的图形文件。

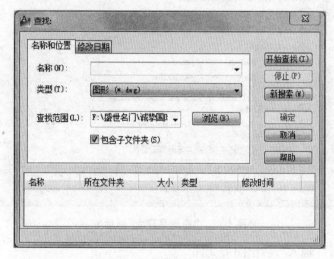

图 1-14 "查找"对话框

【实战演练 3】 保存图形文件

绘制好图形后,就可以对其进行保存。保存图形文件的方法有两种:一种是以当前文件名保存图形,另一种是以新的文件名保存图形。

1. 以当前文件名保存图形

使用"保存"命令,可以采用当前文件名称保存图形文件。

启用命令的方法如下:

- 工具栏:"标准"工具栏中的"保存"按钮 ▤ 。
- 菜单命令:"文件"→"保存"。
- 命令行:QSAVE。

启用"保存"命令,当前图形文件将以原名称直接保存到原来的位置。若用户是第一次保存图形文件,AutoCAD 会弹出"图形另存为"对话框;输入文件名称,并指定文件保存位置和类型,如图 1-15 所示;单击 保存(S) 按钮,即可保存图形文件。

2. 以新的文件名保存图形

使用"另存为"命名,可以通过指定新的文件名称来保存图形文件。

启用命令的方法如下:

- 菜单命令:"文件"→"另存为"。
- 命令行:SAVEAS。

启用"另存为"命令,弹出"图形另存为"对话框,在"文件名"选项的文本框中输入文件的新名称,并指定文件保存位置和类型,然后单击 保存(S) 按钮,保存图形文件。

图 1-15 "图形另存为"对话框

**【实战演练 4】 输入与输出图形文件**

1. 输入图形文件

使用"输入"命令,可以输入多种格式的图形文件。

启用命令的方法如下:

- 菜单命令:"文件"→"输入"。
- 命令行:IMPORT。

启用"输入"命令,弹出"输入文件"对话框,在其"文件类型"下拉列表中可以选择图形文件的输入格式。

2. 输出图形文件

使用"输出"命令可以输出多种格式的图形文件。

启用命令的方法如下:

- 菜单命令:"文件"→"输出"。
- 命令行:EXPORT。

启用"输出"命令,弹出"输出数据"对话框,如图 1-16 所示,在其"文件类型"下拉列表中可以选择图形文件的输出格式。

图1-16 "输出数据"对话框

## 【实战演练5】 关闭图形文件

保存图形文件后,可以将窗口中的图形文件关闭。

### 1. 关闭当前的图形文件

选择"文件"→"关闭"命令,或单击绘图窗口右上角的 ✕ 按钮,即可关闭当前图形文件。如果图形文件尚未保存,系统将弹出"AutoCAD"对话框,提示用户是否保存文件,如图1-17所示。

### 2. 退出 AutoCAD 2014 中文版

选择"文件"→"退出"命令,或者单击标题栏右侧的 ✕ 按钮,即可退出 AutoCAD 2014 中文版。如果图形文件尚未保存,系统将弹出"AutoCAD"对话框,提示用户是否保存文件。

图1-17 "AutoCAD"对话框

AutoCAD 2014 中文版的帮助系统中包含了有关如何使用此程序的完整信息。学会有效地使用帮助系统,将会给用户解决疑难问题带来很大的帮助。

AutoCAD 2014 中文版的帮助信息几乎全部集中在菜单栏的"帮助"菜单中,如图1-18所示。

下面介绍"帮助"菜单中各个命令的功能:

图1-18 "帮助"菜单

◆ "帮助"命令:提供了 AutoCAD 的完整信息。选择"帮助"命令,将会弹出"AutoCAD 2014 帮助:用户文档"对话框。该对话框汇集了 AutoCAD 2014 中文版的各种问题,其左侧的窗口将显示所选主题的信息,供用户查阅。

◆ "新功能专题研习"命令:用于帮助用户快速了解 AutoCAD 2014 中文版的新功能。

◆ "其他资源"命令:提供了可从网络查找 AutoCAD 网站以获取相关帮助的功能。单击"其他资源"命令,系统将弹出下一级子菜单,如图 1-19 所示,从中可以使用各项联机帮助。例如,单击"开发人员帮助"命令,系统将弹出"AutoCAD 2014 帮助:开发者文档"对话框,开发人员可以从中查找和浏览各种信息。

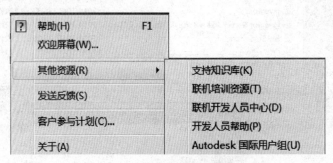

图 1-19 "其他资源"子菜单

◆ "客户参与计划"命令:可以通过这一选项参与这个计划,让 Autodesk 公司设计出符合用户自己的需求和严格标准的软件。

◆ "关于"命令:提供了 AutoCAD 2014 软件的相关信息,如版权和产品信息等。

# 绘图设置

【学前提示】

本项目介绍了绘制工程图之前的一些设置，从而使用户了解 AutoCAD 2014 中文版的坐标系、图形单位与界限，并介绍设置一些常用的工具栏以及管理图层的方法，同时还详细介绍了设置图形对象特性与非连续线外观的方法。

【本章要点】
- 设置工具栏。
- 设置图层。
- 设置图形对象特性。

【学习目标】
- 掌握设置绘图环境的方法。
- 掌握选择坐标系的方法。
- 掌握坐标输入的方法。
- 掌握精确绘图工具的使用方法。

## 任务一　设置工具栏

单击工具栏中的图标按钮，可快速启用 AutoCAD 中的命令。因此，有必要掌握设置工具栏的方法。

【实战演练1】　打开"常用"工具栏

在绘制图形的过程中可以打开一些"常用"工具栏，如"标注"和"绘图"等工具栏，这样有利于提高绘图效率。

利用鼠标右键单击任意一个工具栏，弹出快捷菜单，如图 2-1 所示。有"√"标记的命令表示其工具栏已处于打开状态。选择"标注"和"绘图"命令，将"标注"和"绘图"工具栏打开。此时工具栏处于浮动状态,可以将其拖动到工具栏所在的区域。

【实战演练2】 自定义工具栏

AutoCAD 提供的"自定义用户界面"对话框用于自定义工作空间、工具栏、菜单、快捷菜单和其他用户界面元素。在"自定义用户界面"对话框中,通过自定义工具栏,用户可以将绘图过程中常用的命令按钮放置于同一工具栏中,以提高绘图速度。

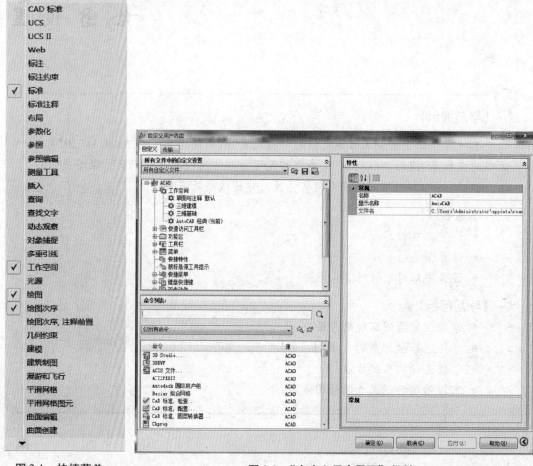

图 2-1　快捷菜单　　　　　图 2-2　"自定义用户界面"对话框

启用命令的方法如下:

● 菜单命令:"视图"→"工具栏"或"工具"→"自定义"→"界面"。

● 命令行:TOOLBAR 或 CUI。

自定义"建筑制图"工具栏的方法如下:

① 选择"工具"→"自定义"→"界面"命令,弹出"自定义用户界面"对话框,如图 2-2 所示。

② 在"所有文件中的自定义设置"窗格中,选择"ACAD"→"工具栏"命令。单击鼠标右键,在快捷菜单中选择"新建工具栏"命令,如图 2-3 所示。输入自定义工具栏的名称"建筑制图",如图 2-4 所示。

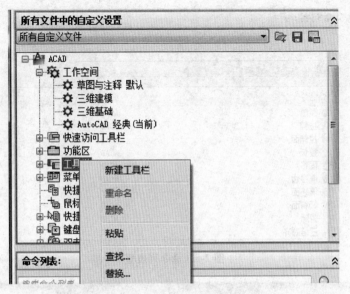

图 2-3 "新建工具栏"命令

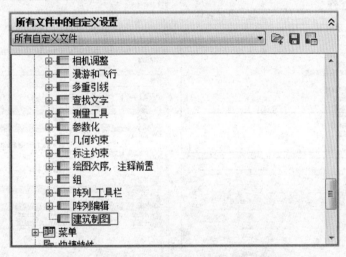

图 2-4 输入自定义工具栏的名称"建筑制图"

③ 在"命令列表"窗格中,单击下拉列表框右侧的 按钮,弹出下拉列表,选择"修改"命令。命令列表框会列出相应的命令列表,如图 2-5 所示。

④ 在"命令列表"窗格中选择需要添加的命令,并按住鼠标左键不放,将其拖曳到"建筑制图"工具栏上,如图 2-6 所示。

⑤ 依次将常用的命令拖曳到"建筑制图"工具栏上,创建自定义的工具栏。

⑥ 单击 确定(O) 按钮,返回绘图窗口,"建筑制图"工具栏如图 2-7 所示。

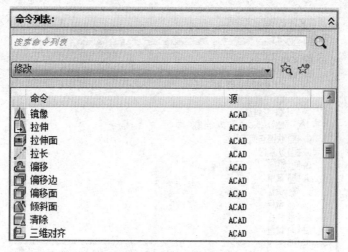

图 2-5  命令列表框

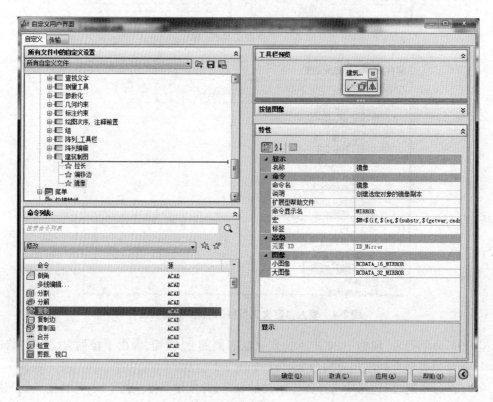

图 2-6  添加命令

图 2-7  "建筑制图"工具栏

## 【实战演练3】 布置工具栏

根据工具栏的显示方式，AutoCAD 2014 的工具栏可分为三种，即弹出式工具栏、固定式工具栏和浮动式工具栏,如图2-8所示。

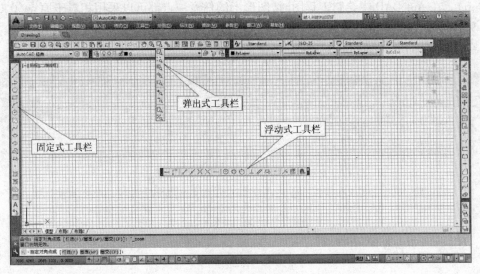

图2-8　三种工具栏

1. 弹出式工具栏

有些图标按钮的右下角处有一个三角标记,如 图标按钮所示。单击这样的按钮并按住鼠标左键不放时,系统将显示弹出式工具栏。

2. 固定式工具栏

固定式工具栏显示于绘图窗口的四周,其上部或左部有两条凸起的线条。

3. 浮动式工具栏

浮动式工具栏显示于绘图窗口之内。浮动式工具栏会显示其标题名称。用户可以将浮动式工具栏拖动至新位置、调整其大小或者将其固定。

将浮动式工具栏拖动到固定式工具栏的区域,可将其设置为固定式工具栏;反之,将固定式工具栏拖动到浮动式工具栏的区域,可将其设置为浮动式工具栏。

调整好工具栏位置后,可将工具栏锁定。选择"窗口"→"锁定位置"→"浮动的工具栏"命令,可以锁定浮动式工具栏。选择"窗口"→"锁定位置"→"固定的工具栏"命令,可以锁定固定式工具栏。如果想移动工具栏,可以临时解锁,按〈Ctrl〉键后单击工具栏,将其拖动、调整大小或将其固定。

## 任务二　设置坐标系

AutoCAD中的坐标系可分为两种类型:一种为世界坐标系(WCS),另一种为用户坐标系(UCS)。

### 一、世界坐标

世界坐标系是AutoCAD的默认坐标系,如图2-9所示。在世界坐标系中,X轴是水平指向的,Y 轴是垂直指向的,Z 轴垂直于 XY 平面,其原点是绘图窗口左下角 X 轴与 Y 轴的交点(0,0)。在 AutoCAD 中绘制工程图时,图形上的任意一点都可以采用相对于原点(0,0)的距离和方向来表示。

在世界坐标系中,AutoCAD 为用户提供了多种坐标输入方式,下面逐一详细介绍。

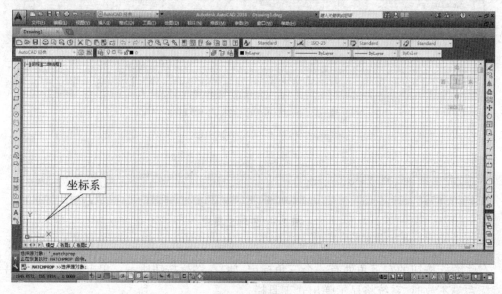

图 2-9　坐标系

1. 直角坐标方式

在二维平面上利用直角坐标方式输入点的坐标值时,只需输入点的 X、Y 坐标系,Z 坐标值默认为 0。在输入点的 X、Y 坐标值时,可以利用绝对坐标值或相对坐标值的输入方式。绝对坐标值是相对于坐标系原点的数值,而相对坐标值是指相对于最后输入点的坐标值。

- 绝对坐标值。绝对坐标值的输入方式是:X,Y。
- 相对坐标值。相对坐标值的输入方式是:@X,Y。

例如,"@10,-5"表示点位于当前点沿 X 轴正方向移动 10 个单位、沿 Y 轴负方向移动 5 个单位的位置。

2. 极坐标方式

在二维平面上利用极坐标方式输入点的坐标值时,只需输入点的距离 r、夹角 θ,Z 坐标默认为 0。在输入点的距离 r 和夹角 θ 时,可以利用绝对坐标值或相对坐标值的输入方式。

- 绝对坐标值。绝对极坐标的输入方式是:r<θ。

距离 r 是输入点与原点的距离,夹角 θ 是输入点和原点的连线与 X 轴正方向的夹角。默认情况下,逆时针方向为正,顺时针方向为负,如图 2-10 所示。

- 相对坐标值。相对极坐标的输入方式是:@r<θ。

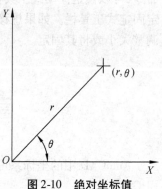

图 2-10　绝对坐标值

二、用户坐标系

AutoCAD 的另一种坐标系是用户坐标系。世界坐标系是系统提供的,不能移动或旋转,而用户坐标系是相对于世界坐标系建立的,因此用户坐标系是可以移动和旋转的。用户可以设置绘图窗口中的任意一点为坐标原点,也可以设置任意方向为 X 轴的正方向。在用户坐标系中,坐标的输入方式与世界坐标系相同,见表 2-1。

表 2-1　坐标输入方式归纳表

| 坐标输入方式 | 直角坐标 | 极坐标 |
| --- | --- | --- |
| 绝对坐标值 | X,Y | r(距离值)<θ(角度值) |
| 相对坐标值 | @X,Y | @r(距离值)<θ(角度值) |

## 任务三　设置图形单位与界限

利用 AutoCAD 绘制工程图时,一般是根据零件的实际尺寸来绘制图纸的,这就需要选择某种度量单位作为标准,才能绘制出一个精确的工程图,并且通常还需要为图形设置一个类似图纸边界的界限,目的是使绘制的图形对象能够按适合的比例打印。因此在绘制工程图之前,通常需要设置图形单位与界限。

【实战演练1】　设置图形单位

用户可以在创建图形文件时选择图形文件的单位制,也可以在建立或打开图形文件后修改图形单位的格式,以便按精度要求绘制工程图。

1. 选择图形单位制

选择"新建"命令,弹出"选择样板"对话框。单击 打开(O) 按钮右侧的三角按钮 ,在列表中选择"无样板打开 – 英制"命令,也可以创建一个英制单位的图形文件;选择"无样板打开 – 公制"命令,可以创建一个公制单位的图形文件。

2. 修改图形单位格式

在建立或打开一个图形文件后,选择"格式"→"单位"命令,弹出"图形单位"对话框,如图 2-11 所示,从中可以对图形的单位进行设置。

对话框中各选项的意义如下:

◆"长度"选项组:用于设置长度单位的类型和精度。

◆"角度"选项组:用于设置角度单位的类型、精度和方向。

◆"插入时的缩放单位"选项组:用于设置缩放插入图形的单位。

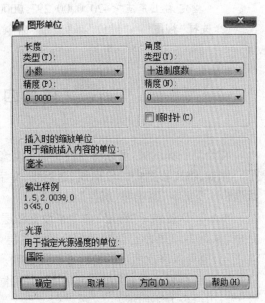

图 2-11　"图形单位"对话框

- ◆ "输出样例"选项组:用于显示图形单位的格式。
- ◆ "光源"选择组:用于指定光源强度的单位。
- ◆ 方向(D)... 按钮:单击该按钮,弹出"方向控制"对话框,从中可以设置方向的基准角度。
- ◆ 帮助(H) 按钮:单击该按钮,弹出"AutoCAD 2014 帮助:用户文档"对话框,从中可以获取帮助信息,查看设置图形单位格式的操作步骤。

【实战演练2】 设置图形界限

在 AutoCAD 中,系统提供了"图形界限"命令来设置图形界限,也就是设置图纸的大小。绘制工程图时,需要根据工程零件的实际尺寸来绘制图形,因此需要设置图纸的界限。在 AutoCAD 中,设置图形界限主要是为图形确定一个图纸的边界。

工程图一般采用几种比较固定的图纸规格,如 A0(1189mm×841mm)、A1(841mm×594mm)、A2(594mm×420mm)、A3(420mm×297mm)和 A4(297mm×210mm)等。利用 AutoCAD 绘制零件的图形时,通常采用 1∶1 的比例,所以需要参照零件的实际尺寸来设置图形的界限。

启用命令的方法如下:
- 菜单命令:"格式"→"图形界限"。
- 命令行:LIMITS。

例如,将图形界限设置为 A2 图纸规格,操作步骤如下:

① 选择"格式"→"图形界限"命令,启用"图形界限"命令。

命令:_limits

重新设置模型空间界限:

指定左下角点或[开(ON)/关(OFF)]<0.0000,0.0000>: //按⟨Enter⟩键

指定右上角点<420.0000,297.0000>:594,420 //输入设置数值,按⟨Enter⟩键

② 选择"视图"→"缩放"→"范围"命令,可调整视图范围。

## 任务四 设置图层

在绘制工程图时,可以将特性相似的对象绘制在同一图层上,以便于用户管理和修改图形。例如,将工程图中的轮廓线、剖面线、文字和尺寸标注分别绘制在"轮廓线"图层、"剖面线"图层、"文字"图层和"标注"图层上。

AutoCAD 提供了"图层"命令来设置图层。启用"图层"命令,弹出"图层特性管理器"对话框,如图 2-12 所示。该对话框会显示图层列表及其特性设置,用户可以添加、删除和重命名图层,也可以修改图层的特性或添加说明。"图层特性管理器"对话框中的图层过滤器可以用来控制在列表中显示指定的图层,并可同时对多个图层进行修改。

启用命令方法如下:
- 工具栏:"图层"工具栏中的"图层特性管理器"按钮 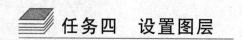。

- 菜单命令:"格式"→"图层"。
- 命令行:LAYER。

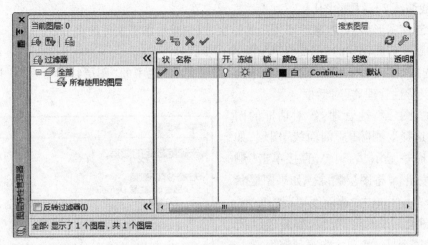

图 2-12 "图层特性管理器"对话框

【实战演练1】 创建图层

在工程图中,可以根据图形的特点启用"图层"命令,弹出"图层特性管理器"对话框,然后创建一个或多个图层。

若要创建"轮廓线"图层和"剖面线"图层,操作步骤如下:

① 选择"格式"→"图层"命令,或单击"图层"工具栏中的"图层特性管理器"按钮,弹出"图层特性管理器"对话框。

② 单击"图层特性管理器"对话框中的"新建图层"按钮。

③ 图层列表中会出现新创建的图层,其默认名为"图层1",如图 2-13 所示。在"名称"栏中输入图层的名称"轮廓线",按〈Enter〉键,确认新图层的名称。

图 2-13 创建新"图层1"

④ 再次单击"图层特性管理器"对话框中的"新建图层"按钮,然后在"名称"栏中输

入图层的名称"剖面线",按〈Enter〉键,确认新图层的名称,最后关闭"图层特性管理器"对话框。

**【实战演练2】 删除图层**

在绘制完图形后,可以删除不使用的图层,以便减小图形文件的字节数。

若要删除前面创建的"剖面线"图层,操作步骤如下:

① 选择"格式"→"图层"命令,或单击"图层"工具栏中的"图层特性管理器"按钮,弹出"图层特性管理器"对话框。

② 在"图层特性管理器"对话框的图层列表中选择要删除的"剖面线"图层,如果图层状态栏显示状态,直接单击"删除图层"按钮将图层删除。如果图层状态栏显示为,单击"删除图层"按钮,会出现"图层-未删除"提示,如图2-14所示,需要切换到状态才能顺利删除。

系统默认的"0"图层、包含图形对象的图层、当前图层以及使用外部参照的图层是不能被删除的。在"图层特性管理器"对

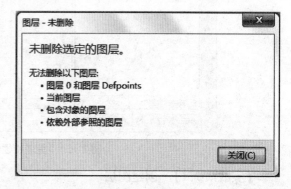

图2-14 删除图层

话框的图层列表中,图层名称前的状态图标"(蓝色)"表示图层中包含有图形对象,"(灰色)"表示图层中不包含图形对象。

**【实战演练3】 设置图层的名称**

在 AutoCAD 中,图层的名称默认为"图层1"、"图层2"、"图层3"等。在绘制图形的过程中,用户可以随时对图层的名称进行重新命名。

若要将前面创建的"轮廓线"图层重新命名为"中心线"图层,其操作步骤如下:

① 选择"格式"→"图层"命令,或单击"图层"工具栏中的"图层特性管理器"按钮,弹出"图层特性管理器"对话框。

② 在"图层特性管理器"对话框的图层列表中选择需要重新命名的"轮廓线"图层。

③ 单击"轮廓线"图层的名称或按〈F2〉键,使图层的名称变成文本编辑状态,输入新的

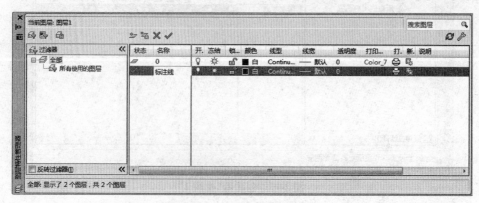

图2-15 编辑图层名称

图层名称"标注线",按〈Enter〉键,确认新名称,最后关闭"图层特性管理器"对话框(图2-15)。

**【实战演练4】** 设置图层的颜色、线型和线宽

1. 设置图层颜色

图层的默认颜色为白色,为了区别各个图层,应该为图层设置不同的颜色,这样在绘制图形时就可以通过图层的颜色来直接区分不同类型的图形对象,从而方便管理图层和提高工作效率。

AutoCAD 2014中文版提供了256种颜色,但在设置图层的颜色时,通常采用7种标准的颜色,即红色、黄色、绿色、青色、蓝色、紫色和白色。因为这7种颜色区别较大又有名称,因此在复杂的工程图中很容易区别。

若要将"中心线"图层的颜色设置为红色,操作步骤如下:

① 选择"格式"→"图层"命令,或单击"图层"工具栏中的"图层特性管理器"按钮 ,弹出"图层特性管理器"对话框。

② 在"图层特性管理器"对话框的图层列表中选择需要设置颜色的"中心线"图层。

③ 在"中心线"图层中单击"颜色"栏的图标 ,弹出"选择颜色"对话框,如图2-16所示。

④ 从颜色列表中选择红色,此时"颜色"文本框中将显示颜色的名称。

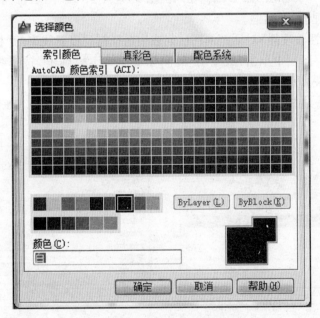

图2-16 "选择颜色"对话框

⑤ 单击"选择颜色"对话框中的 按钮,返回"图层特性管理器"对话框,图层列表将显示新颜色,如图2-17所示。

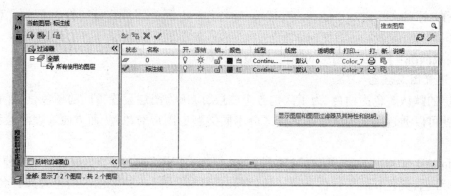

图 2-17 显示新颜色

⑥ 单击"图层特性管理器"对话框的 确定 按钮,所有在"中心线"图层上绘制的图形都将以红色显示。

2. 设置图层线型

图层的线型用来表示图层中图形线条的特性,通过设置图层的线型可以区分不同图形对象所代表的含义和作用。图层的默认线型为"Continuous"。

将"标注线"图层的线型设置为"CENTER",操作步骤如下:

① 选择"格式"→"图层"命令,或单击"图层"工具栏中的"图层特性管理器"按钮 ,弹出"图层特性管理器"对话框。

② 在"图层特性管理器"对话框的图层列表中选择需要设置线型的"标注线"图层。

③ 在"标注线"图层中单击"线型"栏的图标 Continuous ,弹出"选择线型"对话框,如图 2-18 所示,线型列表显示的是默认的线型。

④ 单击 加载(L)... 按钮,弹出"加载或重载线型"对话框,选择"CENTER"线型,如图 2-19 所示。

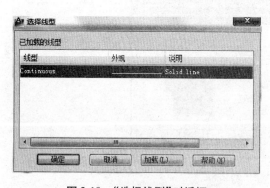

图 2-18 "选择线型"对话框

图 2-19 "加载或重载线型"对话框

⑤ 单击 确定 按钮,返回"选择线型"对话框,所选择的"CENTER"线型即被加载至列表中。

⑥ 在"选择线型"对话框中,选择刚刚加载的"CENTER"线型,如图 2-20 所示。

⑦ 单击"选择线型"对话框的 确定 按钮,返回"图层特性管理器"对话框,图层列表会显示新设置的"CENTER"线型,如图 2-21 所示。

⑧ 单击"图层特性管理器"对话框的 确定 按钮,所有在"标注线"图层上绘制的图形都将以"CENTER"线型显示。

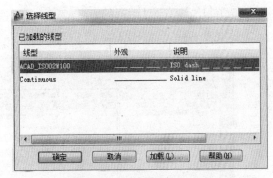

图 2-20 "选择线型"对话框

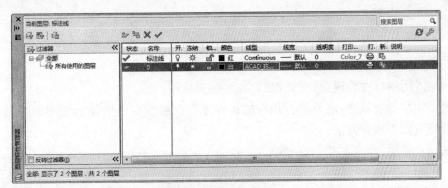

图 2-21 显示新线型

### 3. 设置图层线宽

设置图层的线宽,可以使不同图层中的图形对象显示出不同的线宽,以便于观察图形。此外,在图层上设置的线宽可以直接应用于打印图纸。通常情况下,图层的线宽默认值为 0.25mm。

在工程图中,零件轮廓线的线宽一般为 0.3~0.6mm,细实线一般为 0.13~0.25mm。用户可以根据图纸的大小来确定线宽,通常在 A4 图纸中轮廓线可以设置为 0.3mm,细实线可以设置为 0.13mm;在 A0 图纸中轮廓线可以设置为 0.6mm,细实线可以设置为 0.25mm。

若要将"标注线"图层的线宽设置为 0.13mm,其操作步骤如下:

① 选择"格式"→"图层"命令,或单击"图层"工具栏中的"图层特性管理器"按钮 ,弹出"图层特性管理器"对话框。

② 在"图层特性管理器"对话框的图层列表中选择需要设置线宽的"标注线"图层。

③ 在"标注线"图层中单击"线宽"栏的图标 默认 ,弹出"线宽"对话框,如图 2-22 所示。

④ 在"线宽"对话框中选择 0.13mm 的线宽。

图 2-22 "线宽"对话框

⑤ 单击"线宽"对话框的 确定 按钮,返回"图层特性管理器"对话框,图层列表中会显示新设置的线宽,如图 2-23 所示。

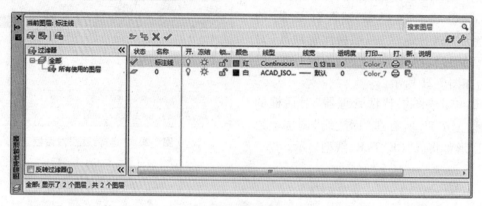

图 2-23 设置线宽

⑥ 单击"图层特性管理器"对话框的 确定 按钮。

设置了图层的线宽后,需要进行相应的操作才能在绘图窗口中显示图形的线宽。显示图形的线宽有以下两种方法:

方法一:利用"状态栏"中的 线型 按钮。

单击"状态栏"中的 线型 按钮,可以切换绘图窗口中线宽的显示模式。当 线型 按钮处于凸起状态时,图形不显示线宽;当 线型 按钮处于凹下状态时,图形将显示线宽。

方法二:启用"线宽"命令。

选择"格式"→"线宽"命令,弹出"线宽设置"对话框,如图 2-24 所示。

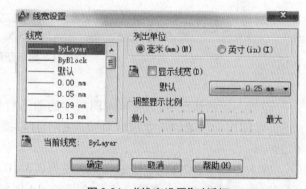

图 2-24 "线宽设置"对话框

在这里可以设置系统默认的线宽和单位。选择"显示线宽"复选框,然后单击 确定 按钮,绘图窗口图形将显示线宽;若取消选中"显示线宽"复选框,则图形不显示线宽。

【实战演练5】 控制图层的显示状态

如果工程图中包含大量信息且有很多图层,则可通过控制图层状态使编辑、绘制和观察等工作变得更为方便。图层状态主要包括:打开与关闭、冻结与解冻、锁定与解锁、打印与不打印等,AutoCAD 采用不同样式的图标来表示这些状态。

1. 打开/关闭图层

处于打开状态的图层是可见的,而处于关闭状态的图层是不可见的,且不能被编辑或打印。当图形重新生成时,关闭的图层将一起被生成。设置图层的打开/关闭状态有以下两种方法。

方法一:利用"图层特性管理器"对话框。

单击"图层"工具栏中的"图层特性管理器"按钮 ,弹出"图层特性管理器"对话框。

在该对话框的图层列表中单击图层的图标 💡 或 💡，可以切换图层的打开/关闭状态。当图标为 💡（黄色）时，图层处于打开状态；当图标为 💡（蓝色）时，图层处于关闭状态。

方法二：利用"图层"工具栏。

单击"图层"工具栏中的图层列表，弹出图层信息下拉列表，如图 2-25 所示。单击灯泡图标 💡 或 💡，可以切换图层的打开/关闭状态。

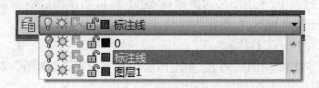

图 2-25　图层信息下拉列表

**2. 解冻/冻结图层**

冻结图层可以减少复杂图形重新生成时的显示时间，并且可以加快绘图、缩放和编辑等命令的执行速度。处于冻结状态图层上的图形对象将不能被显示、打印或重生成。解冻图层将重生成并显示该图层上的图形对象。设置图层的解冻/冻结状态有以下两种方法：

方法一：利用"图层特性管理器"对话框。

单击"图层"工具栏中的"图层特性管理器"按钮 🔲，弹出"图层特性管理器"对话框。在该对话框的图层列表中单击图层的图标 ☀ 或 ❄，可以切换图层的解冻/冻结状态。当图标为 ☀ 时，图层处于解冻状态；当图标为 ❄ 时，图层处于冻结状态。注意，当前图层不能被冻结。

方法二：利用"图层"工具栏。

单击"图层"工具栏中的图层列表，弹出图层信息下拉列表，单击图标 ☀ 或 ❄，可以切换图层的解冻/冻结状态，如图 2-26 所示。

解冻一个图层将引起整个图形重新生成，而打开一个图层只是重画这个图层上的图形对象，因此如果需要频繁地改变图层的可见性，建议使用关闭图层而不是冻结图层。

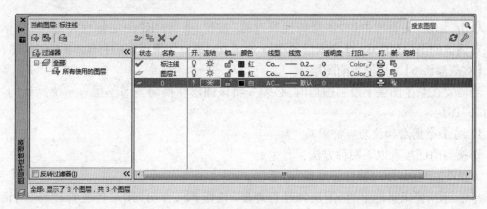

图 2-26　冻结图层

**3. 解锁/锁定图层**

通过锁定图层，可以使图层中的对象不能被编辑和选择。但被锁定的图层是可见的，并且用户可以查看和捕捉此图层上的对象,还可在此图层上绘制新的图形对象。解锁图层是将图层恢复为可编辑和可选择的状态。

解锁/锁定图层有以下两种方法:

方法一:利用"图层特性管理器"对话框。

单击"图层"工具栏中的"图层特性管理器"按钮 ,弹出"图层特性管理器"对话框。在该对话框的图层列表中,单击图层的图标 或 ,可以切换图层的解锁/锁定状态。当图标为 时,图层处于解锁状态;当图标为 时,图层处于锁定状态。

方法二:利用"图层"工具栏。

单击"图层"工具栏中的图层列表,弹出图层信息下拉列表,如图 2-27 所示。单击图标 或 ,可以切换图层的解锁/锁定状态。

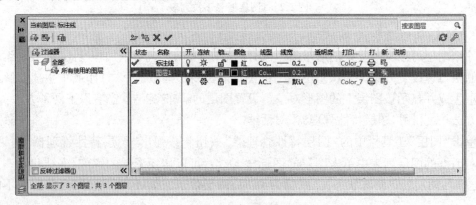

图 2-27　锁定图层

### 4. 打印/不打印图层

在打印工程图时,绘图过程中的一些辅助线条通常不需要打印,此时可以将这些辅助线条所在的图层设置为不打印的图层。图层被设置为不打印后,该图层上的图形对象仍会显示在绘图窗口中。只有当图层处于打开与解冻的状态下,AutoCAD 在打印工程图时将不打印该图层。

单击"图层"工具栏中的"图层特性管理器"按钮 ,弹出"图层特性管理器"对话框。在该对话框的图层列表中,单击图层的图标 或 ,可以切换图层的打印/不打印状态。

**【实战演练 6】　切换当前图层**

当需要在某个图层上绘制图形时,必须先将该图层切换为当前图层。系统默认的当前层为"0"图层。

### 1. 将某个图层切换为当前图层

切换当前图层有以下两种方法:

方法一:利用"图层特性管理器"对话框。

单击"图层"工具栏中的"图层特性管理器"按钮 ,弹出"图层特性管理器"对话框。在图层列表中选择要切换为当前图层的图层,然后双击状态栏中的图标,或单击"置为当前"按钮 或者按〈Alt〉+〈C〉组合键,使状态栏的图标变为当前图层的图标 ,如图 2-28 所示。"图层"工具栏的下拉列表将显示当前图层的名称与设置状态。

项目二 绘图设置  31

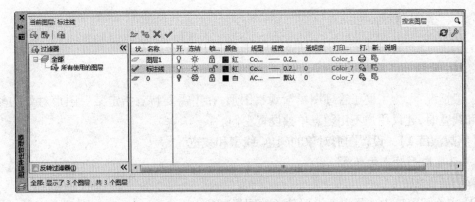

图 2-28　选择图层

**方法二**：利用"图层"工具栏。

在不选择任何图形对象的情况下，在"图层"工具栏的下拉列表中直接选择要设置为当前图层的图层，如图 2-29 所示。

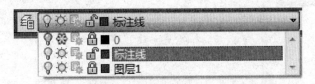

图 2-29　图层信息下拉列表

**2. 将图形对象所在的图层切换为当前图层**

在绘图窗口中选择某个图形对象，然后单击"图层"工具栏上的"将对象的图层置为当前"按钮，则该图形对象所在的图层将切换为当前图层。或者首先单击"图层"工具栏的"将对象的图层置为当前"按钮，然后选择某个图形对象，也可以将该图形对象所在的图层切换为当前图层。

**3. 返回上一次设置的当前图层**

单击"图层"工具栏上的"上一个图层"按钮，系统将自动把上一次设置的当前图层切换为现在的当前图层。

## 任务五　设置图形对象特性

绘图过程中需要特意单独指定某一图形对象的颜色、线型和线宽时，可以通过设置图形对象的特性来完成操作。AutoCAD 提供了"对象特性"工具栏来设置图形对象的特性，通过该工具栏可以快速修改图形对象的颜色、线型及线宽等。默认情况下，"对象特性"工具栏的"颜色控制"、"线型控制"和"线宽控制"三个下拉列表都会显示"ByLayer"，如图 2-30 所示。"ByLayer"表示图形对象的颜色、线型和线宽等特性与其所在的图层的特性相同。

图 2-30 "对象特性"工具栏

一般情况下,为了便于管理图层与观察图形,在不需要特意指定某一图形对象的颜色、线型和线宽时,建议用户不用随意单独设置它们。

**【实战演练 1】** 设置图形对象的颜色、线型和线宽

1. 设置图形对象的颜色

操作步骤如下:

① 在绘图窗口中选择需要设置颜色的图形对象。

② 打开"颜色控制"下拉列表,如图 2-31 所示,选择需要设置的颜色。

③ 按〈Esc〉键完成操作。

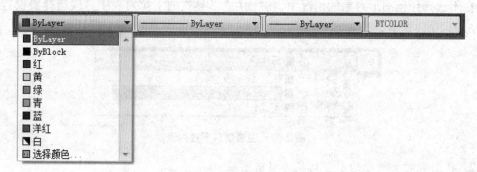

图 2-31 "颜色控制"下拉列表

若在"颜色控制"下拉列表中选择"选择颜色"选项,将弹出"选择颜色"对话框,如图 2-32 所示,从中可以选择其他颜色。

图 2-32 "选择颜色"对话框

## 2. 设置图形对象的线型

操作步骤如下:

① 在绘图窗口中选择需要设置线型的图形对象。

② 打开"线型控制"下拉列表,如图 2-33 所示,选择需要设置的线型。

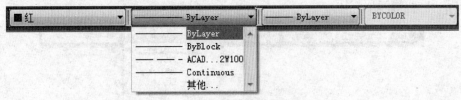

图 2-33 "线型控制"下拉列表

③ 按〈Esc〉键完成操作。

在"线型控制"下拉列表中选择"其他"选项,将弹出"线型管理器"对话框,如图 2-34 所示。单击 加载(L)... 按钮,将弹出"加载或重载线型"对话框,如图 2-35 所示,从中可以选择其他的线型。单击"加载或重载线型"对话框的 确定 按钮,返回"线型管理器"对话框,此时选择的线型将出现在"线型管理器"对话框的列表中;再次将其选中,并单击 确定 按钮,可以将其设置为图形对象的线型。

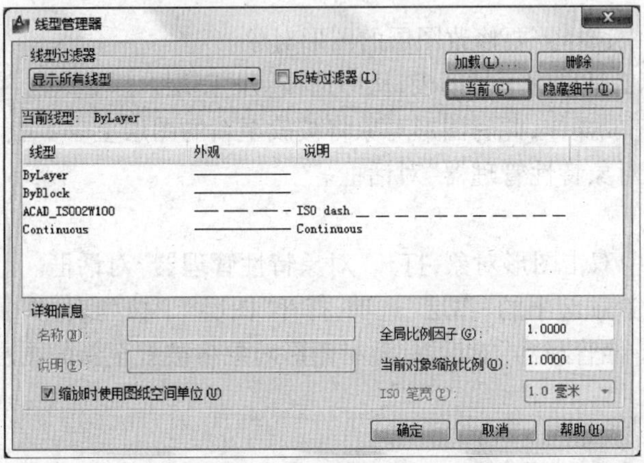

图 2-34 "线型管理器"对话框

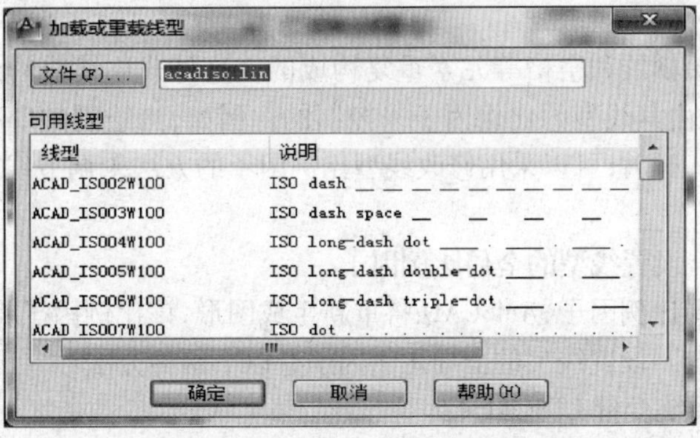

图 2-35 "加载或重载线型"对话框

**3. 设置图形对象的线宽**

操作步骤如下：

① 在绘图窗口中选择需要设置线宽的图形对象。

② 打开"线宽控制"下拉列表，如图 2-36 所示，从中选择需要设置的线宽。

③ 按〈Esc〉键完成操作。

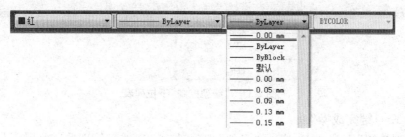

图 2-36 "线宽控制"下拉列表

**【实战演练 2】 修改图形对象所在的图层**

在 AutoCAD 中，可以修改图形对象所在的图层，修改方案有以下两种：

方法一：利用"图层"工具栏。

操作步骤如下：

① 在绘图窗口中选择需要修改图层的图形对象。

② 打开"图层"工具栏的下拉列表，从中选择新的图层。

③ 按〈Esc〉键完成操作，此时图形对象将被放至新的图层上。

方法二：利用"对象特性管理器"对话框。

操作步骤如下：

① 在绘图窗口中双击图形对象，打开"对象特性管理器"对话框。

② 选择"基本"选项组中的"图层"选项，打开"图层"下拉列表，从中选择新的图层。

③ 关闭"对象特性管理器"对话框，此时图形对象将被放至新的图层上。

## 任务六　设置非连续线的外观

非连续线是由短横线和空格等元素重复构成的。这种非连续线的外观，如短横线的长短和空格的大小，是由其线型的比例因子来控制的。例如，当绘制的中心线、虚线等线条的外观看上去与实线一样时，可以采用修改线型比例因子的方法来调节线条的外观，使其显示非连续线的样式。

**【实战演练 1】 设置线型的全局比例因子**

设置线型的全局比例因子，AutoCAD 将重新生成图形，该比例因子将控制工程图中所有非连续线的外观样式。设置线型的全局比例因子有以下两种方法：

方法一：设置系统变量 LTSCALE。

操作步骤如下：

① 在命令行中输入"LTS"或"LTSCALE",然后按〈Enter〉键。
② 输入线型的新比例因子,系统将自动重新生成图形。
当输入的比例因子增大时,非连续线的短横线及空格将加长,反之将缩短。

  命令:_lts           //输入命令
  输入新线型比例因子<1.0000>:2   //输入线型的比例因子
  正在重生成模型。        //系统重生成图形

方法二:利用"线型"菜单命令。
操作步骤如下:
① 选择"格式"→"线型命令",弹出"线型管理器"对话框,如图 2-37 所示。

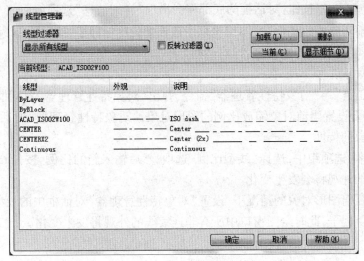

图 2-37  "线型管理器"对话框

② 单击 [显示细节(D)] 按钮,对话框的底部将出现"详细信息"选项组,同时 [显示细节(D)] 按钮变为 [隐藏细节(D)] 按钮,如图 2-38 所示。

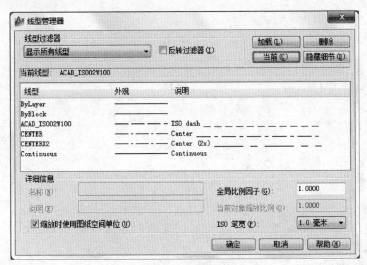

图 2-38  显示细节

③ 在"全局比例因子"文本编辑框中输入新的比例因子,然后单击 [ 确定 ] 按钮。

**【实战演练2】** 设置当前对象的缩放比例

设置当前对象的缩放比例,将改变当前选择的图形对象中所有非连续线的外观。非连续线外观的显示比例=当前对象缩放比例×全局比例因子。若当前对象缩放比例设置为2,全局比例因子设置为3,则选择的非连续线外观的显示比例为6。设置当前对象的缩放比例有以下两种方法:

方法一:利用"线型管理器"对话框。

操作步骤如下:

① 选择"格式"→"线型"命令,弹出"线型管理器"对话框。

② 单击 [ 显示细节(D) ] 按钮,对话框的底部将会出现"详细信息"选项组。

③ 在"当前对象缩放比例"文本编辑框中输入新的比例因子,然后单击 [ 确定 ] 按钮。

方法二:利用"对象特性管理器"对话框。

操作步骤如下:

① 选择"工具"→"对象特性管理器"命令,弹出"对象特性管理器"对话框。

② 选择需要设置当前对象缩放比例的图形对象,"对象特性管理器"对话框将显示刚才选择的图形对象的特性。

③ 在"基本"选项组中,选择"线型比例"选项,然后输入新的比例,按〈Enter〉键,此时所选的图形对象的外观将会发生变化。

在不选择任何图形对象的情况下,设置"对象特性管理器"对话框中的线型比例,将改变线型的全局比例因子,此时绘图窗口中所有非连续线的外观将发生变化。

# 项目三

## 基本绘图操作

【学前提示】

　　本项目主要介绍了AutoCAD的基本绘图操作,如绘制直线、点、圆、圆弧、矩形等,以帮助用户了解AutoCAD的方便之处,打好更扎实的基础。

【本章要点】

- 直线的绘制。
- 点的绘制。
- 圆的绘制。
- 圆弧的绘制。
- 矩形的绘制。

【学习目标】

- 掌握直线的绘制方法。
- 掌握辅助工具的操作方法。
- 掌握圆和圆弧的绘制方法。
- 掌握点的绘制方法。

## 任务一　绘制直线

　　直线是图形中最常见、最简单的图形实体。"直线"命令用于在两点之间绘制直线,用户可以通过鼠标点取或键盘输入来确定线段的起点和终点。

【实战演练1】　直线命令调用方式

- 工具栏:"绘图"工具栏中的"直线"按钮 。
- 菜单命令:"绘图"→"直线"。
- 命令行:LINE(L)。

【实战演练2】 绘制直线

启动"直线"命令绘制图形时,用鼠标在绘图窗口中单击一点作为起点,然后移动鼠标,在其他位置上单击另一个点作为线段的终点,按〈Enter〉键结束,一条完整的线段就出现了。如果在按〈Enter〉键之前在其他位置再单击,便可绘制出一条连续的折线。

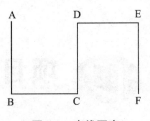

图 3-1　直线图案

利用鼠标指定线段的端点来绘制直线,如图 3-1 所示。

命令:_line　　　　　　　　　　　　　//在命令行输入"直线"快捷键"l"
指定第一点:　　　　　　　　　　　　//单击确定 A 点
指定下一点或 [放弃(U)]:　　　　　　//再次单击确定 B 点
指定下一点或 [放弃(U)]:　　　　　　//再次单击确定 C 点
指定下一点或 [闭合(C)/放弃(U)]:　　//再次单击确定 D 点
指定下一点或 [闭合(C)/放弃(U)]:　　//再次单击确定 E 点
指定下一点或 [闭合(C)/放弃(U)]:　　//再次单击确定 F 点
指定下一点或 [闭合(C)/放弃(U)]:　　//按〈Enter〉键结束本次绘图

【实战演练3】 课堂案例——五角星图案绘制

选择"文件"→"新建"命令,弹出"选择样板"对话框,单击 打开(O) 按钮,创建新的图形文件。

单击"直线"按钮 ,绘制五角星图案,如图 3-2 所示。

图 3-2　五角星图案

命令:_line
指定第一点:　　　　　　　　//在命令行中输入"直线"快捷键"l"
指定下一点或 [放弃(U)]:　　//单击确定 A 点
指定下一点或 [放弃(U)]:　　//再次单击确定 B 点
指定下一点或 [闭合(C)/放弃(U)]:　//再次单击确定 C 点
指定下一点或 [闭合(C)/放弃(U)]:　//再次单击确定 D 点
指定下一点或 [闭合(C)/放弃(U)]:　//再次单击确定 E 点
指定下一点或 [闭合(C)/放弃(U)]:　//再次单击确定 A 点,完成

**课堂练习**　绘制正方形。
**习题分析**　用"直线"命令绘制一个边长为 80 的正方形。

## 任务二　绘制矩形

【实战演练1】 绘制矩形

利用"矩形"命令,可以根据指定对角点、面积或长和宽绘制矩形,也可以绘制带圆角、切角的矩形。

矩形命令调用方式：
- 工具栏："绘图"工具栏中的"矩形"按钮 。
- 菜单命令："绘图"→"矩形"。
- 命令行：RECTANG(REC)。

启动"矩形"命令绘制图形时，系统将提示"指定第一个角点或[倒角(C)/标高(E)/圆角(F)/厚度(T)/宽度(W)]:"，指定第一个角点。其各选项含义如下：

◆ 倒角(C)：设定矩形的倒角距离，从而生成倒角的矩形。
◆ 标高(E)：设定矩形在三维空间中的基面高度。
◆ 圆角(F)：设定矩形的倒圆半径，从而生成倒圆的矩形。
◆ 厚度(T)：设定矩形的厚度，即三维空间Z轴方向的高度。
◆ 宽度(W)：设置矩形的线条宽度。

用鼠标在绘图窗口中单击一点A作为开始坐标，然后移动鼠标，在其他位置上单击另一个点B作为矩形的终点坐标，一个矩形就出现了，如图3-3所示。

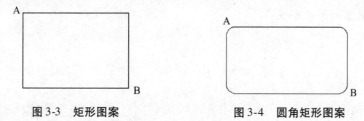

图3-3  矩形图案　　　　　图3-4  圆角矩形图案

【实战演练2】  课堂案例——圆角矩形图案绘制

命令：_rectang　　　　　　　　　　　//选择"矩形"命令
指定第一个角点或 [倒角(C)/标高(E)/圆角(F)/厚度(T)/宽度(W)]: f
　　　　　　　　　　　　　　　　　　//输入"f"选择圆角方式
指定矩形的圆角半径 <0.0000>: 50　　//输入"50"，设置圆角半径为50
指定第一个角点或 [倒角(C)/标高(E)/圆角(F)/厚度(T)/宽度(W)]:
　　　　　　　　　　　　　　　　　　//确定矩形的第一个角点"A"
指定另一个角点或 [面积(A)/尺寸(D)/旋转(R)]:
　　　　　　　　　　　　　　　　　　//确定矩形相对的第二个角点"B"

**课堂练习**　绘制一个圆角为20的正方形。
**习题分析**　用"矩形"命令绘制一个圆角为20、线宽(宽度)为1的正方形，其他数值不变。

## 任务三　绘制圆和圆弧

圆也是绘图中最常用的一种基本实体之一，AutoCAD提供了6种绘制圆形的方式。
绘制圆弧的方法有11种，用户可以根据图形的特点选择不同的方法进行绘制，其中默认的方法是通过三点来绘制。

【实战演练1】 圆的命令调用方式
- 工具栏:"绘图"工具栏中的"圆"按钮 ◎。
- 菜单命令:"绘图"→"圆"。
- 命令行:CIRCLE(C)。

启动"圆"命令绘制图形时,系统将提示"[三点(3P)/两点(2P)/切点、切点、半径(T)]:"。其各选项的功能如下:

◆ 三点(3P):通过制定的三个点绘制圆形。

打开"学生文件夹"中的"三点绘圆.dwg"文件,通过三角形ABC的3个顶点来绘制圆,如图3-5所示。

命令:_circle 指定圆的圆心或 [三点(3P)/两点(2P)/切点、切点、半径(T)]: 3p
　　　　　　　　　　　　　　　　//单击"圆"按钮 ◎,选择"三点"选项
指定圆上的第一个点:　　　　　　//捕捉顶点 A
指定圆上的第二个点:　　　　　　//捕捉顶点 B
指定圆上的第三个点:　　　　　　//捕捉顶点 C

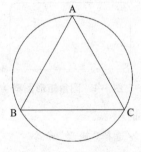 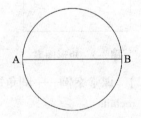

图 3-5　三点绘制圆形　　　　图 3-6　两点绘制圆形

◆ 两点(2P):通过指定圆直径的两个端点来绘制圆。

打开"学生文件夹"中的"两点绘圆.dwg"文件,使线段AB成为圆的直径,如图3-6所示。

命令:_circle 指定圆的圆心或 [三点(3P)/两点(2P)/切点、切点、半径(T)]: 2p
　　　　　　　　　　　　　　　　//单击"圆"按钮 ◎,选择"两点"选项
指定圆直径的第一个端点:　　　　//捕捉顶点 A
指定圆直径的第二个端点:　　　　//捕捉顶点 B

◆ 相切、相切、半径(T):通过选择两个与圆相切的图形对象,然后输入圆的半径来绘制一个圆。

打开"学生文件夹"中的"相切、相切、半径绘圆.dwg"文件,在三角形ABC的AB边与BC边之间绘制一个相切圆。

命令:_circle 指定圆的圆心或 [三点(3P)/两点(2P)/切点、切点、半径(T)]: t
　　　　　　　　　　　　　　　　//单击"圆"按钮 ◎,选择"相切、相切、半径"选项
指定对象与圆的第一个切点:　　　//选择 AB 边
指定对象与圆的第二个切点:　　　//选择 BC 边

指定圆的半径 <313.5090>: 100                    //输入半径值
- 圆心、直径(D):在确定圆心后,通过输入圆的直径长度来确定圆。
- 相切、相切、相切(A):通过选择三个与圆相切的图形对象,来确定圆(该命令只能通过菜单栏中的"绘图"→"圆"子菜单选择,如图3-7所示)。

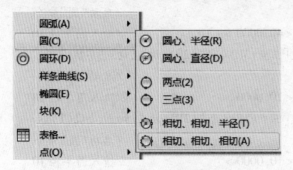

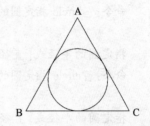

图3-7 "绘图"→"圆"子菜单        图3-8 相切、相切、相切绘圆

打开"学生文件夹"中的"相切、相切、相切绘圆.dwg"文件,在正三角形 ABC 内绘制一个内切圆,该圆与 AB、BC、AC 边均相切,如图3-8所示。

命令:_circle 指定圆的圆心或 [三点(3P)/两点(2P)/切点、切点、半径(T)]:3p
　　　　　　　　　　　　　　　　　　//选择"绘图"→"圆"→"相切、相切、相切"命令
指定圆上的第一个点:_tan 到                     //选择 AB 边
指定圆上的第二个点:_tan 到                     //选择 BC 边
指定圆上的第三个点:_tan 到                     //选择 AC 边

绘制一个圆,用矩形先绘制一个十字作为圆的中心点,然后再绘制圆,如图3-9所示。
命令:_circle 指定圆的圆心或 [三点(3P)/两点(2P)/切点、切点、半径(T)]:
　　　　　　　　　　　　　　　　　　//单击"圆"按钮 ⊙,在绘图窗口单击确认中心点
指定圆的半径或 [直径(D)] <192.8655>:100        //输入圆的半径值

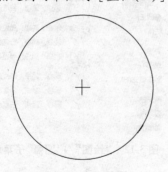

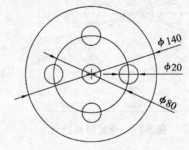

图3-9 中心绘圆                图3-10 绘制多个圆

## 【实战演练2】 多圆图形绘制

先用直线绘出十字作为圆的中心点,然后再进行绘图,如图3-10所示。
命令:_circle 指定圆的圆心或 [三点(3P)/两点(2P)/切点、切点、半径(T)]:
　　　　　　　　　　　　　　　　　　　　　　　　//单击"圆"按钮 ⊙
指定圆的半径或[直径(D)] <10.0000>:70           //输入圆半径70

命令:_ circle 指定圆的圆心或[三点(3P)/两点(2P)/切点、切点、半径(T)]:
//启动"圆"命令(按"空格"键重复上一步命令)
指定圆的半径或[直径(D)]<70.0000>:40　　　　　//输入圆半径40
命令:_ circle 指定圆的圆心或[三点(3P)/两点(2P)/切点、切点、半径(T)]:
//启动"圆"命令
指定圆的半径或[直径(D)]<40.0000>:10　　　　　//输入圆半径10
命令:_ circle 指定圆的圆心或[三点(3P)/两点(2P)/切点、切点、半径(T)]:
//启动"圆"命令
指定圆的半径或[直径(D)]<10.0000>:　　　　　　//输入圆半径10
命令:_ circle 指定圆的圆心或[三点(3P)/两点(2P)/切点、切点、半径(T)]:
//启动"圆"命令
指定圆的半径或[直径(D)]<10.0000>:　　　　　　//输入圆半径10
命令:_ circle 指定圆的圆心或[三点(3P)/两点(2P)/切点、切点、半径(T)]:
//启动"圆"命令
指定圆的半径或[直径(D)]<10.0000>:　　　　　　//输入圆半径10
命令:_ circle 指定圆的圆心或[三点(3P)/两点(2P)/切点、切点、半径(T)]:
//启动"圆"命令
指定圆的半径或[直径(D)]<10.0000>:　　　　　　//输入圆半径10

**课堂练习**　绘制简易灶台。

**习题分析**　先用直线绘出十字作为中心点,通过圆与圆角矩形绘出灶台,如图3-11所示。

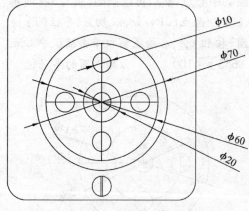

图3-11　绘制简易灶台

图3-12　"绘图"→"圆弧"子菜单

【实战演练3】　圆弧的命令调用方式

● 工具栏:"绘图"工具栏中的"圆弧"按钮 ⌒。
● 菜单命令:"绘图"→"圆弧"。
● 命令行:ARC(A)。

选择"绘图"→"圆弧"命令,弹出"圆弧"命令的下拉菜单,如图3-12所示。菜单中提供了11种绘制圆弧的方法。

◆ 三点(P):通过设置圆弧的起点、圆弧上一点以及端点来绘制圆弧,该方法是绘制圆弧的默认方法,如图3-13所示。

命令:_arc 指定圆弧的起点或 [圆心(C)]:
　　　　　　　　　　　　　//单击"圆弧"按钮 ，单击确定起点A
指定圆弧的第二个点或 [圆心(C)/端点(E)]:　　//单击确定B点
指定圆弧的端点:　　　　　　　　　　　　//单击确定C点,完成

◆ 起点、圆心、端点(S):按照逆时针方向,一次设置圆弧的起点、圆心和端点来绘制圆弧,如图3-14所示。

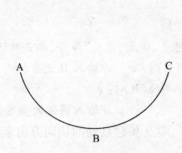
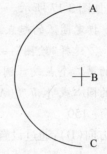

图3-13　三点绘制圆弧　　　　图3-14　起点、圆心、端点绘制圆弧

命令:_arc 指定圆弧的起点或 [圆心(C)]:
　　　　//选择"绘图"→"圆弧"→"起点、圆心、端点"命令,单击确定起点A
指定圆弧的第二个点或 [圆心(C)/端点(E)]:c 指定圆弧的圆心:
　　　　　　　　　　　　　　　　　　　　　　　//单击确定圆心B
指定圆弧的端点或 [角度(A)/弦长(L)]:　　//单击确定端点C

◆ 起点、圆心、角度(T):按照逆时针方向,依次设置圆弧的起点、圆心,然后输入圆弧的角度值来绘制一条圆弧,如图3-15所示。

命令:_arc 指定圆弧的起点或 [圆心(C)]:
　　　　//选择"绘图"→"圆弧"→"起点、圆心、角度"命令,单击确认A点
指定圆弧的第二个点或 [圆心(C)/端点(E)]:c
指定圆弧的圆心:　　　　　　　　　　//单击确认圆心B
指定圆弧的端点或 [角度(A)/弦长(L)]:a
指定包含角:225　　　　　　　　　　//输入圆弧的角度值

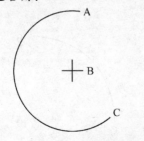
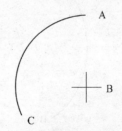

图3-15　起点、圆心、角度绘制圆弧　　　图3-16　起点、圆心、长度绘制圆弧

◆ 起点、圆心、长度(A):按照逆时针方向,依次设置圆弧的起点、圆心,然后输入圆弧的

长度值来绘制一条圆弧,如图3-16所示。

  命令:_arc 指定圆弧的起点或 [圆心(C)]:
      //选择"绘图"→"圆弧"→"起点、圆心、长度"命令,单击确认A点
  指定圆弧的第二个点或 [圆心(C)/端点(E)]:c
  指定圆弧的圆心:         //单击确定圆心B
  指定圆弧的端点或 [角度(A)/弦长(L)]:l
  指定弦长:400         //输入圆弧的弦长值

◆ 起点、端点、角度(N):按照逆时针方向,依次设置圆弧的起点、端点,然后输入圆弧的角度值来绘制圆弧,如图3-17所示。

  命令:_arc 指定圆弧的起点或 [圆心(C)]:
      //选择"绘图"→"圆弧"→"起点、端点、角度"命令,单击确认A点
  指定圆弧的第二个点或 [圆心(C)/端点(E)]:e  //输入B点坐标
  指定圆弧的圆心或 [角度(A)/方向(D)/半径(R)]:a
  指定包含角:150        //输入圆弧的角度值

◆ 起点、端点、方向(D):通过设置圆弧的起点、端点和起点处的切向方向来绘制圆弧,如图3-18所示。

图3-17 起点、端点、角度绘制圆弧  图3-18 起点、端点、方向绘制圆弧

  命令:_arc 指定圆弧的起点或 [圆心(C)]:
      //选择"绘图"→"圆弧"→"起点、端点、方向"命令,单击确认A点
  指定圆弧的第二个点或 [圆心(C)/端点(E)]:e
  指定圆弧的端点:        //单击确定端点B
  指定圆弧的圆心或 [角度(A)/方向(D)/半径(R)]:d
  指定圆弧的起点切向:       //单击确定圆弧的方向

◆ 起点、端点、半径(R):通过设置圆弧的起点、端点和半径来绘制圆弧,如图3-19所示。

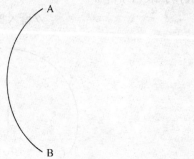   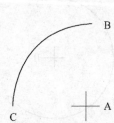

图3-19 起点、端点、半径绘制圆弧  图3-20 圆心、起点、端点绘制圆弧

命令：_arc 指定圆弧的起点或［圆心(C)］：
　　　　//选择"绘图"→"圆弧"→"起点、端点、半径"命令，单击确认A点
指定圆弧的第二个点或［圆心(C)/端点(E)］：e
指定圆弧的端点：　　　　　　　　　　　//单击确定B点
指定圆弧的圆心或［角度(A)/方向(D)/半径(R)］：r
指定圆弧的半径：u　　　　　　　　　　//单击确定圆弧的半径

◆ 圆心、起点、端点(C)：按照逆时针方向依次设置圆弧的圆心、起点和端点来绘制圆弧，如图3-20所示。

命令：_arc
指定圆弧的起点或［圆心(C)］：c
指定圆弧的圆心：
　　　　//选择"绘图"→"圆弧"→"起点、圆心、端点"命令，单击确认A点
指定圆弧的起点：　　　　　　　　　　　//单击确定B点
指定圆弧的端点或［角度(A)/弦长(L)］：　//单击确定端点C

◆ 圆心、起点、角度(E)：依次设置圆弧的圆心、起点，然后输入圆弧的角度值来绘制一条圆弧，如图3-21所示。

命令：_arc 指定圆弧的起点或［圆心(C)］：c
指定圆弧的圆心：
　　　　//选择"绘图"→"圆弧"→"起点、圆心、角度"命令，单击确认A点
指定圆弧的起点：　　　　　　　　　　　//单击确定B点
指定圆弧的端点或［角度(A)/弦长(L)］：a
指定包含角：250　　　　　　　　　　　//输入圆弧的角度

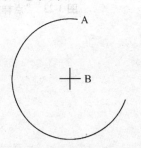

图3-21　圆心、起点、角度绘制圆弧　　　图3-22　圆心、起点、长度绘制圆弧

◆ 圆心、起点、长度(L)：依次设置圆弧的圆心、起点，然后输入圆弧的长度值来绘制一条圆弧，如图3-22所示。

命令：_arc 指定圆弧的起点或［圆心(C)］：c
指定圆弧的圆心：
　　　　//选择"绘图"→"圆弧"→"圆心、起点、长度"命令，单击确认A点
指定圆弧的起点：　　　　　　　　　　　//单击确定B点
指定圆弧的端点或［角度(A)/弦长(L)］：l
指定弦长：400　　　　　　　　　　　　//输入圆弧的长度

◆ 继续(O)：用于绘制一条圆弧，使其相切于上一次绘制的直线或圆弧。

## 任务四　绘制点

在 AutoCAD 中，绘制的点通常用于绘图的参考点。

**【实战演练1】　点的样式**

通过设置点的样式可以控制点的形状与大小，操作步骤如下：

① 选择"格式"→"点样式"命令，弹出"点样式"对话框，如图 3-23 所示。

② 在"点样式"对话框中，单击相应的图标按钮，选择点的形状。

③ 在"点大小"数值框中输入点的大小数值。

④ 单击 确定 按钮完成设置。

**【实战演练2】　绘制单点**

启用"单点"命令可以方便、快捷地绘制一个点。

点的命令调用方式：

● 菜单命令："绘图"→"点"→"单点"。

● 命令行：POINT(PO)。

绘制一个点，操作步骤如下：

① 选择"选择"→"点样式"命令，弹出"点样式"对话框。

② 在"点样式"对话框中，单击 ⊕ 图标按钮。

③ 在"点大小"数值框中输入点的大小数值"5"。

④ 单击 确定 按钮完成设置。

选择"绘图"→"点"→"单点"命令，绘制一点。

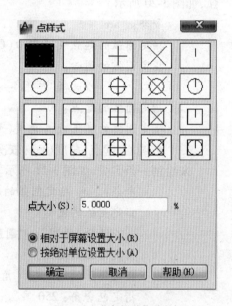

图3-23　"点样式"对话框

```
命令：_point
当前点模式：PDMODE = 34    PDSIZE = 0.0000
                              //显示当前点的样式
指定点：                       //在绘图窗口中单击确定点的位置
```

**【实战演练3】　绘制多点**

启用"多点"命令可以绘制多个点。

多点的命令调用方式：

● 工具栏："绘图"工具栏中的"点"按钮 。

● 菜单命令："绘图"→"点"→"多点"。

绘制多个点，方法如下：

| 命令：_point | //单击"点"按钮 |
| 当前点模式：PDMODE=34 PDSIZE=0.0000 | //显示当前点的样式 |
| 指定点： | //依次单击确定点的位置 |
| 指定点：*取消* | //按〈Esc〉键取消 |

**【实战演练4】 绘制等分点**

绘制等分点有两种方法：第一种通过定距绘制等分点，第二种通过定数绘制等分点。

**1. 通过定距绘制等分点**

启用"定距等分"命令，可以通过定距绘制等分点，此时需要输入点之间的间距，并且每次只能在一个图形对象上绘制等分点。可以绘制等分点的图形对象有直线、圆、多线段和样条曲线等，但不能是块、尺寸标注、文本及剖面线等图形对象。

定距等分的命令调用方式：
- 菜单命令："绘图"→"点"→"定距等分"。
- 命令行：MEASURE。

绘制一条距离为 1000mm 的线段 AB，在线段 AB 上通过指定间距来绘制等分点，如图 3-24 所示。

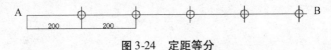

图 3-24 定距等分

| 命令：_measure | //选择"绘图"→"点"→"定距等分"命令 |
| 选择要定距等分的对象： | //选择线段 AB |
| 指定线段长度或 [块(B)]：200 | //输入点之间的间距 |

**2. 通过定数绘制等分点**

启用"定数等分"命令，可以通过定数绘制等分点，此时需要点的数目，并且每次只能在一个图形对象上绘制等分点。

定数等分的命令调用方式：
- 菜单命令："绘图"→"点"→"定数等分"。
- 命令行：DIVIDE。

绘制一个圆，在圆上通过定数等分来绘制等分点，如图 3-25 所示。

| 命令：_divide | //选择"绘图"→"点"→"定数等分"命令 |
| 选择要定数等分的对象： | //选择圆 |
| 输入线段数目或 [块(B)]：6 | //输入等分的数目 |

图 3-25 定数等分

**课后练习** 绘制洗衣机。

**习题分析** 利用"矩形"按钮 、"直线"按钮、"圆弧"按钮、"圆"按钮来绘制洗衣机（没有备注的尺寸随意设定），如图 3-26 所示，参见"学生文件夹"下的"洗衣机.dwg"。

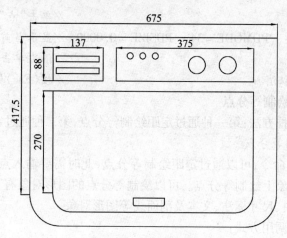

图 3-26　绘制洗衣机

# 项目四

## 进阶绘图操作

【学前提示】

本项目主要介绍了高级绘图操作,如绘制椭圆、椭圆弧、圆环、多线、多段线、样条曲线等,从而帮助用户掌握 AutoCAD 的高级绘图功能,更加细致、快捷地完成图纸的绘制。

【本章要点】

- 椭圆的绘制。
- 多段线的绘制。
- 样条曲线的绘制。
- 圆环的绘制。

【学习目标】

- 掌握绘制椭圆、椭圆弧的方法。
- 掌握绘制多线的方法。
- 掌握绘制多段线的方法。
- 掌握绘制样条曲线的方法。

## 任务一 绘制椭圆

【实战演练1】 绘制椭圆

椭圆由定义其长度和宽度的两条轴决定。其中较长的轴称为长轴,较短的轴称为短轴。椭圆的命令调用方式:

- 工具栏:"绘图"工具栏中的"椭圆"按钮 。
- 菜单命令:"绘图"→"椭圆"→"轴、端点"。
- 命令行:ELLIPSE(EL)。

绘制椭圆,如图4-1所示。

  命令:_ellipse              //单击"椭圆"按钮。

  指定椭圆的轴端点或 [圆弧(A)/中心点(C)]:  //单击确定轴线端点A点

  指定轴的另一个端点:         //单击确定轴线端点B点

  指定另一条半轴长度或 [旋转(R)]:

                 //在C点处单击确定另一条半轴长度

各选项的功能如下:

◆ 中心点(C):以指定椭圆圆心及一个轴(主轴)的端点、另一个轴的半轴长度绘制椭圆。

◆ 旋转(R):输入角度,将一个圆绕着长轴方向旋转成椭圆。若输入0,则绘制出圆。

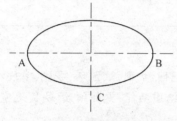 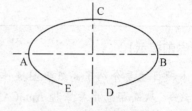

图4-1 绘制椭圆       图4-2 绘制椭圆弧

【实战演练2】 绘制椭圆弧

椭圆弧和椭圆的命令相同,绘制方法也相似,首先确定长轴和短轴,然后确定圆弧的起始角和终止角。

椭圆弧的命令调用方式:

● 工具栏:"绘图"工具栏中的"椭圆弧"按钮。

● 菜单命令:"绘图"→"椭圆"→"圆弧"。

● 命令行:ELLIPSE(EL)

绘制椭圆弧,如图4-2所示。

  命令:_ellipse             //单击"椭圆弧"按钮

  指定椭圆的轴端点或 [圆弧(A)/中心点(C)]:a

                 //选择"圆弧"选项

  指定椭圆弧的轴端点或 [中心点(C)]:   //单击确定轴线端点A

  指定轴的另一个端点:        //单击确定轴线端点B

  指定另一条半轴长度或 [旋转(R)]:    //在C处单击确定半轴长度

  指定起点角度或 [参数(P)]:      //单击确定起点角度D

  指定端点角度或 [参数(P)/包含角度(I)]:   //单击确定端点角度E

【实战演练3】 洗脸盆的绘制

选择"文件"→"新建"命令,弹出"选择样板"对话框,单击"打开"按钮,创建新的图形文件。

选择"椭圆"按钮 来绘制洗脸盆,如图4-3所示。

项目四 进阶绘图操作

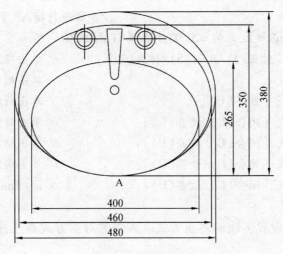

图4-3 绘制洗脸盆

| | |
|---|---|
| 命令:_ellipse | //单击"椭圆"按钮 |
| 指定椭圆的轴端点或[圆弧(A)/中心点(C)]: | //单击确定A点位置 |
| 指定轴的另一个端点:265 | //输入短轴的长度 |
| 指定另一条半轴长度或[旋转(R)]:200 | //输入长轴的半轴长度 |
| 命令:_ellipse | //按空格键重复椭圆命令 |
| 指定椭圆的轴端点或[圆弧(A)/中心点(C)]: | //单击确定A点位置 |
| 指定轴的另一个端点:350 | //输入短轴的长度 |
| 指定另一条半轴长度或[旋转(R)]:230 | //输入长轴的半轴长度 |
| 命令:_ellipse | //按空格键重复椭圆命令 |
| 指定椭圆的轴端点或[圆弧(A)/中心点(C)]: | //单击确定A点位置 |
| 指定轴的另一个端点:380 | //输入短轴的长度 |
| 指定另一条半轴长度或[旋转(R)]:240 | //输入长轴的半轴长度 |

## 任务二 绘制多线

多线是指多条相互平行的直线。在绘制多线前,应先设置多线段的样式。多线样式控制多线中直线元素的数目、颜色、线型、线宽以及每个元素的偏移量。

【实战演练1】 多线的绘制

多线的命令调用方式:
- 菜单命令:"绘图→多线"。
- 命令行:MLINE(ML)。

绘制多线,如图4-4所示。

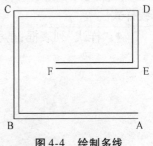

图4-4 绘制多线

命令：_ml                           //在命令行输入"多线"快捷键"ml"
当前设置：对正=上,比例=20.00,样式=STANDARD
指定起点或 [对正(J)/比例(S)/样式(ST)]：      // 单击确定 A 点
指定下一点：                           // 单击确定 B 点
指定下一点或 [放弃(U)]：                 // 单击确定 C 点
指定下一点或 [闭合(C)/放弃(U)]：          // 单击确定 D 点
指定下一点或 [闭合(C)/放弃(U)]：          // 单击确定 E 点
指定下一点或 [闭合(C)/放弃(U)]：          // 单击确定 F 点
指定下一点或 [闭合(C)/放弃(U)]：          // 按〈Enter〉键结束绘图

各选项的功能如下：

◆ 对正(J)：用于设置多线的对正方式。多线的对正方式有三种：上(T)、无(Z)、下(B)。

◇ 上(T)：绘制多线时,多线最顶端的直线将随着鼠标进行移动,其对正点位于多线最顶端直线的端点上。

◇ 无(Z)：绘制多线时,多线中间的直线将随着鼠标进行移动,其对正点位于多线的中间。

◇ 下(B)：绘制多线时,多线最底端的直线将随着鼠标移动,其对正点位于多线最底端直线的端点上。

◆ 比例(S)：用于设置多线的比例,即指定多线宽度相对于定义宽度的比例因子,修改比例不影响线型外观。

◆ 样式(ST)：用于选择多线的样式或显示当前已加载的多线样式。系统默认的多线样式为"STANDARD",输入相应的多线样式即可选择自定义过的多线样式。若选择"?"选项,则显示当前已加载的多线样式。

【实战演练2】 设置多线样式

多线的样式决定多线中线条的数量、线条的颜色和线型以及直线间的距离等。用户还可指定多线封口的形式为弧形或直线形。根据需要,可以设置多种不同的多线样式。多线样式的命令调用方式：

● 菜单命令："格式"→"多线样式"。
● 命令行：MLSTYLE。

启用"多线样式"命令,弹出"多线样式"对话框,如图4-5所示,通过该对话框可设置多线样式。

◆ "样式"列表框：显示当前已定义的多线样式。

项目四 进阶绘图操作

图 4-5 "多线样式"对话框

◆ "说明"文本框：显示对当前多线样式的说明。

◆ 置为当前(U) 按钮：用于将样式列表框里选定的多线样式设置为当前使用。

◆ 新建(N) 按钮：用于新建多线样式。单击该按钮，会弹出"创建新的多线样式"对话框，如图4-6所示。对新样式命令后单击 继续 按钮，图4-7所示。

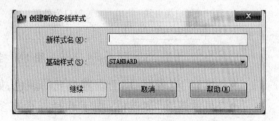

图 4-6 "创建新的多线样式"对话框

图 4-7 "新建多线样式"对话框

- ◆ 修改(M) 按钮：用于修改在样式列表框里选定的多线样式。
- ◆ 重命名(R) 按钮：用于更改在样式列表框里选定的多线样式的名称。
- ◆ 删除(D) 按钮：用于删除在样式列表里选定的多线样式。但不能删除"STANDARD"多线样式、当前多线样式或正在使用的多线样式。
- ◆ 加载(L) 按钮：用于加载已定义的多线样式。单击该按钮，会弹出"加载多线样式"对话框，如图4-8所示。
- ◆ 保存(A)... 按钮：用于将当前的多线样式保存到多线文件中。

下面对"新建多线样式"对话框中的信息进行简单说明。

图4-8 "加载多线样式"对话框

- ◆ "说明"文本框：对所有定义的多线样式进行说明，其文本不能超过256个字符。
- ◆ "封口"选项组：选项组中的"直线"、"外弧"、"内弧"以及"角度"复选框分别用于设置多线的封口为直线、外弧、内弧和角度形状，如图4-9所示。

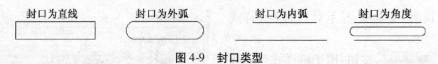

图4-9 封口类型

- ◆ "填充"列表框：用于设置填充的颜色，如图4-10所示。
- ◆ "显示连接"复选框：用于选择是否在多线的拐角处显示连接线。若选择该选项，则多线如图4-11所示。

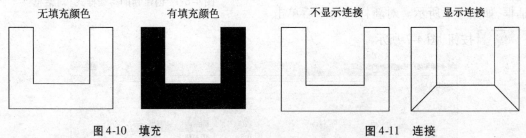

图4-10 填充　　　　　　　　图4-11 连接

- ◆ "图元"列表框：用于显示多线中线条的偏移量、颜色和线型。
- ◆ 添加(A) 按钮：用于添加一条新线，其偏移量可在"偏移"数值框中输入。
- ◆ 添加(D) 按钮：用于删除在"元素"列表中选定的直线元素。
- ◆ "偏移"数值框：为多线样式中的每个元素指定偏移值。
- ◆ "颜色"列表框：用于设置"元素"列表中选定的直线元素的颜色。单击"颜色"列表框右侧的三角按钮，可在列表中选择直线的颜色。如果选择"选择颜色"选项，会弹出"选择颜色"对话框，如图4-12所示，在其中可以选择更多的颜色。

图 4-12 "选择颜色"对话框

◆ 线型(Y)... 按钮,用于设置"元素"列表中选定的直线元素的线型。单击 线型(Y)... 按钮,会弹出"选择线型"对话框,用户可以在已加载的线型列表中选择一种线型设置,如图4-13 所示。单击 加载(L)... 按钮,可在弹出的"加载或重载线型"对话框中选择需要的线型,如图 4-14 所示。单击 确定 按钮,将其加载到"选择线型"对话框中,然后在列表中选择加载的线型,并单击 确定 按钮,所选直线元素的线型将被修改。

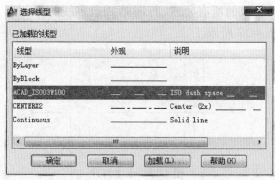

图 4-13 "选择线型"对话框

图 4-14 "加载或重载线型"对话框

【实战演练3】 编辑多线

利用"编辑多线"命令可以编辑已经绘制完成的多线,修改其形状,以使其符合绘制要求。

多线的命令调用方式:
- 菜单命令:"修改"→"对象"→"多线"。
- 命令行:MLEDIT。

选择"修改"→"对象"→"多线"命令,启用"编辑多线"命令,弹出"多线编辑工具"对话框,从中可以选择相应的工具来编辑多线,如图4-15所示。

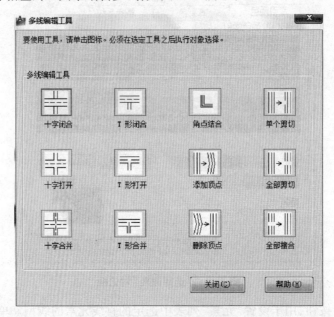

图4-15 "多线编辑工具"对话框

对话框中各选项的功能如下:

"多线编辑工具"对话框以4列显示样例图像:第一列控制十字交叉的多线,第二列控制T形相交的多线,第三列控制角点结合和顶点,第四列控制多线中的打断和结合。

◆ "十字闭合"选项 ：用于在两条多线之间创建闭合的十字交点,如图4-16所示。

◆ "十字打开"选项 ：用于打断第一条多线的所有元素,打断第二条多线的外部元素,在两条多线之间创建打开的十字交点,如图4-17所示。

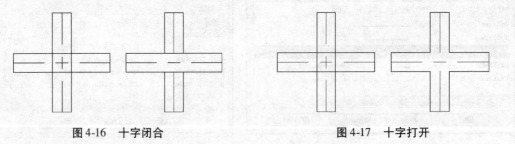

图4-16 十字闭合　　　　　　　　图4-17 十字打开

◆ "十字合并"选项 ：用于在两条多线之间创建合并的十字交点。其中,多线的选择次序并不重要,如图4-18所示。

◆ "T型闭合"选项 ：将第一条多线修剪或延伸到与第二条多线的交点处,在两条多线之间创建闭合的T行交点。单击该按钮,对多线进行编辑的效果如图4-19所示。

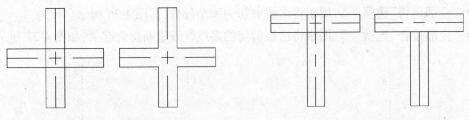

图 4-18　十字合并　　　　　　　图 4-19　T 型闭合

◆ "T 型打开"选项 ：将多线修剪或延伸到与另一条多线的交点处,在两条多线之间创建打开的 T 形交点,如图 4-20 所示。

◆ "T 型合并"选项 ：将多线修剪或延伸到与另一条多线的交点处,在两条多线之间创建合并的 T 形交点,如图 4-21 所示。

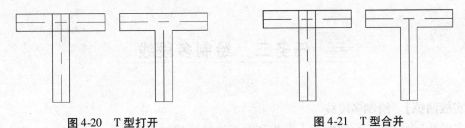

图 4-20　T 型打开　　　　　　　图 4-21　T 型合并

◆ "角点结合"选项 ：将多线修剪或延伸到它们的交点处,在多线之间创建角点结合,如图 4-22 所示。

◆ "添加顶点"选项 ：用于向多线上添加一个顶点,如图 4-23 所示。

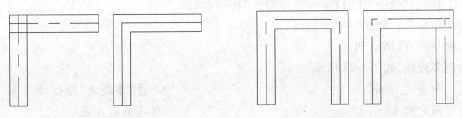

图 4-22　角点结合　　　　　　　图 4-23　添加顶点

◆ "删除顶点"选项 ：用于从多线上删除一个顶点,如图 4-24 所示。

◆ "单个剪切"选项 ：用于剪切多线上选择的元素,如图 4-25 所示。

图 4-24　删除顶点　　　　　　　图 4-25　单个剪切

- ◆ "全部剪切"选项 :用于将多线剪切为两个部分,如图 4-26 所示。
- ◆ "全部接合"选项 :用于将已被剪切的多线线段重新接合起来,如图 4-27 所示。

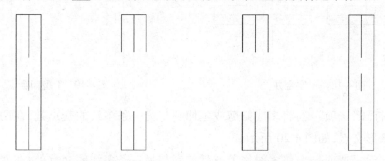

图 4-26　全部剪切　　　　　　　　图 4-27　全部接合

## 任务三　绘制多段线

【实战演练】　绘制多段线

"多段线"命令用于绘制由若干直线和圆弧连接而成的不同宽度的曲线或折线,且该多段线中含有的所有直线或圆弧都是一个实体。

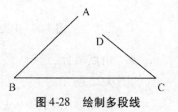

图 4-28　绘制多段线

多段线的命令调用方式:
- 工具栏:"绘图"工具栏中的"多段线"按钮 。
- 菜单命令:"绘图"→"多段线"。
- 命令行:PLINE(PL)。

绘制多段线,如图 4-28 所示。

　　　命令:_pline　　　　　　　　　　　　　//单击"多段线"按钮
　　　指定起点:　　　　　　　　　　　　　　//单击确定 A 点
　　　当前线宽为 0.0000
　　　指定下一个点或 [圆弧(A)/半宽(H)/长度(L)/放弃(U)/宽度(W)]:
　　　　　　　　　　　　　　　　　　　　　　//单击确定 B 点
　　　指定下一点或 [圆弧(A)/闭合(C)/半宽(H)/长度(L)/放弃(U)/宽度(W)]:
　　　　　　　　　　　　　　　　　　　　　　//单击确定 C 点
　　　指定下一点或 [圆弧(A)/闭合(C)/半宽(H)/长度(L)/放弃(U)/宽度(W)]:
　　　　　　　　　　　　　　　　　　　　　　//单击确定 D 点
　　　指定下一点或 [圆弧(A)/闭合(C)/半宽(H)/长度(L)/放弃(U)/宽度(W)]:
　　　　　　　　　　　　　　　　　　　　　　//按 Enter 键完成

各选项的含义如下:
- ◆ 圆弧(A):指定圆弧的圆心角绘制圆弧。

- ◆ 圆心(CE)：指定圆弧的圆心绘制圆弧。
- ◆ 闭合(CL)：自动将多段线闭合，即将选定的最后一点与多段线的起点连起来，并结束命令。
- ◆ 放弃(U)：取消刚绘制的一段多段线。
- ◆ 宽度(W)：设置起点与终点的宽度值。

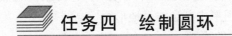

## 任务四　绘制圆环

"圆环"命令用于绘制指定内外直径的圆环或填充圆。
圆环的命令调用方式：
- 菜单命令："绘图"→"圆环"。
- 命令行：DONUT。

绘制圆环，如图4-29所示。

图4-29　绘制圆环

命令：_donut　　　　　　　　　　　　//选择"圆环"命令
指定圆环的内径 <0.5000>： 指定第二点：
　　　　　　　　　　　　　　　　　　//输入圆环的内径
指定圆环的外径 <1.0000>： 指定第二点：
　　　　　　　　　　　　　　　　　　//输入圆环的外径
指定圆环的中心点或 <退出>：　　　　//在绘制窗口中单击确定圆环中心
指定圆环的中心点或 <退出>：　　　　//按〈Enter〉键结束

【注意】
- ◆ 输入内径为0，外径大于0的数值，可绘制实心圆。
- ◆ 利用"圆环"命令在绘制完一个圆环后，"指定圆环的中心点(退出)："会不断出现，用户可继续绘制多个相同的圆环，直到按〈Enter〉键结束为止。
- ◆ 利用"圆环"命令绘制的圆环实际上是多段线，因此可以用"多段线编辑"命令的"宽度(W)"选项修改圆环的宽度。利用"圆环"命令生成的图形可以被修剪。
- ◆ 无论是用系统变量FILLMODE还是用"填充"命令，当改变填充方式后，都必须用"重生"命令重生图形，才能将填充的结果显示出来。
- ◆ 系统变量FILLMODE控制是否填充，当系统变量FILLMODE=0时，图形不填充；当系统变量FILLMODE=1时，图形填充。

## 任务五  绘制样条曲线

"样条曲线"命令用于绘制二次或三次样条曲线,它可以由起点、终点、控制点及偏差来控制曲线,可用于表达机械图形中断裂线及地形图标高线等。

**【实战演练】** 样条曲线的绘制

1. 样条曲线的命令调用方式
- 工具栏:"绘图"工具栏中的"样条曲线"按钮 ~ 。
- 菜单命令:"绘图"→"样条曲线"。
- 命令行:SPLINE。

绘制样条曲线,如图4-30所示。

命令:_spline                  //单击"样条曲线"按钮 ~
当前设置:方式=拟合    节点=弦
指定第一个点或 [方式(M)/节点(K)/对象(O)]:
                              //单击确定 A 点
输入下一个点或 [起点切向(T)/公差(L)]:
                              //单击确定 B 点
输入下一个点或 [端点相切(T)/公差(L)/放弃(U)]: //单击确定 C 点
输入下一个点或 [端点相切(T)/公差(L)/放弃(U)/闭合(C)]:
                              //单击确定 D 点
输入下一个点或 [端点相切(T)/公差(L)/放弃(U)/闭合(C)]:
                              //按〈Enter〉键完成

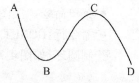

图4-30  绘制样条曲线

各选项的含义如下:
- ◆ 闭合(C):用于绘制封闭的样条曲线。
- ◆ 对象(O):将二维或三维的二次或三次样条拟合多段线转换成等价的样条曲线并删除多段线。
- ◆ 起点切向:指定样条曲线起点处的切线方向。
- ◆ 端点相切:指定样条曲线终点处的切线条件。

2. 样条曲线的编辑

"编辑样条曲线"命令可以编辑样条曲线,或将样条曲线拟合为多段线。
编辑样条曲线的命令调用方式:
- 菜单命令:"修改"→"对象"→"样条曲线"。
- 命令行:SPLINEDIT。

单击需要修改的样条曲线,会显示"输入选项 [闭合(C)/合并(J)/拟合数据(F)/编辑顶点(E)/转换为多段线(P)/反转(R)/放弃(U)/退出(X)] <退出>:"。各选项的含义如下:
- ◆ 闭合:闭合开放的样条曲线。

◆ 合并:把两个以上的多段线合并成一体。
◆ 拟合数据:使用添加、闭合、删除等选项编辑拟合数据。
◆ 编辑顶点:对多段线的顶点进行编辑。
◆ 转换为多段线:将样条曲线转换为多段线。
◆ 反转:反转样条曲线的方向。此选项主要适用于第三方应用程序。
◆ 放弃:放弃当前操作。
◆ 退出:返回到主提示。

## 任务六 设置与编辑图案填充

【实战演练】 图案填充
● 工具栏:"绘图"工具栏中的"图案填充"按钮 。
● 菜单命令:"绘图"→"图案填充"。
● 命令行:HATCH(H)。
填充图案时,会弹出"图案填充和渐变色"对话框,如图 4-31 所示。

图 4-31 "图案填充和渐变色"对话框

1. 类型和图案
(1) 类型:图案的种类,该下拉列表中有如下三种选项。

◆ 预定义:使用 AutoCAD 预先定义的在文件 ACAD.PAT 中的图案。
◆ 用户定义:使用当前线型定义的图案。
◆ 自定义:定义在其他 PAT 文件(不是 ACAD.PAT)中的图案。
(2) 图案:在该选项中选择具体图案。右侧提供了两种选择图案的方式。
◆ 列表框:打开列表框,其中列出了各种图案名称,选取所需要的图案。
◆ ▦ 按钮:单击该按钮,弹出"填充图案选项板",选取所需要的图案。
(3) 样例:显示所选图案的预览图形。
(4) 自定义图案:显示用户自己定义的图案。

2. 角度和比例
(1) 角度:输入填充图案与水平方向的夹角。
(2) 比例:选择或输入一个比例系数,控制图线间距。
(3) 间距:使用"用户自定义"类型时,设置平行线的间距。
(4) ISO 笔宽:使用 ISO 图案时,在该下拉框中选择图线间距。

3. 图案填充原点
(1) 使用当前原点:使用当前 UCS 的原点(0,0)作为图案填充原点。
(2) 指定的原点:指定填充图案原点。
◆ 单击以设置新原点:在绘图区选择一点作为图案填充原点。
◆ 默认为边界范围:以填充边界的左下角、右下角、左上角、右上角点或圆心作为填充图案原点。
◆ 存储为默认原点:将指定点存储为默认的填充图案原点。

4. 边界
(1) 拾取点:单击该按钮,临时关闭对话框,拾取边界内的一点,按〈Enter〉键,系统自动计算包围该点的封闭边界,返回对话框。
(2) 选择对象:从待选的边界集中拾取要填充图案的边界。该方式忽略内部孤岛。
(3) 删除边界:临时关闭对话框,删除已选中的边界。
(4) 重新创建边界:重新创建填充图案的边界。
(5) 查看选择集:亮显图中已选中的边界集。

5. 选项
(1) 注释性:当选择一个注释性填充图案后,系统将自动选中"注释性"复选框。注释性图案填充的方向始终与布局的方向相匹配。
(2) 关联:与内部图案相关联,边界变化时图案也随之变化。
(3) 创建独立的图案填充:边界与内部图案不关联。
(4) 绘图次序:指定图案填充的绘图次序,即图案填充可以放在填充边界及其他对象之前或之后。

6. 继承特性
将已有填充图案的特征复制给要填充的图案。

7. 预览
预览填充图案,若不合适再修改。

8. 边界保留

(1) 保留边界:若保留边界,则将封闭的边界图线自动转化为多段线或面域。

(2) 对象类型:在下拉列表中选择"多段线"或"面域",将选定的边界转化为多段线或面域。

9. 边界集

单击"新建"按钮,指定待选的边界。

10. 允许的间隙

以公差形式设置允许的间隙大小,默认值为0,这时填充边界是完全封闭的区域。

11. 继承选项

使用当前原点或使用源图案填充的原点继承特性。

## 任务七 创建面域

"面域"是具有物理特性的二维封闭区域。可以将现有面域合并为单个复合面域来计算面积。

【实战演练】 创建面域

面域的命令调用方式:

- 工具栏:"绘图"工具栏中的"面域"按钮 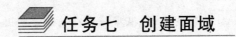。
- 菜单命令:"绘图"→"面域"。
- 命令行:REGION。

**课后练习** 绘制小型足球场。

**习题分析** 如图4-32所示,利用"矩形"按钮 、"直线"按钮 、"圆"按钮 、"复制"按钮 、"修剪"按钮 来绘制足球场。参见"学生文件夹"中的"小型足球场.dwg"。

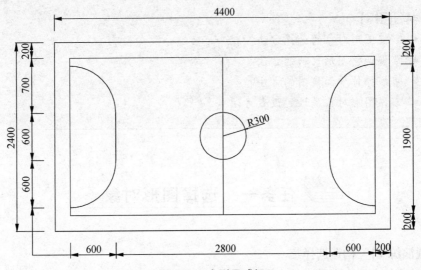

图4-32 小型足球场

# 项目五

**【学前提示】**

在我们使用 AutoCAD 绘制图形时，很难一次准确地绘制出复杂的图形，只有在绘制过程中进行很多次加工编辑，最终才能得到满意的效果。AutoCAD 为用户提供了许多实用而有效的编辑命令。使用这些命令，用户可以很轻松地对已有图形对象进行移动、旋转、缩放、复制、删除等操作，从而方便地绘制出各种复杂的图形，不但保证了绘图的准确性，而且减少了重复的绘图操作，从而提高了绘图效率。本项目主要为读者介绍编辑图形对象的基本命令，包括图形对象的选取、删除、恢复、偏移、旋转等操作。

**【本章要点】**

- 选择图形对象。
- 倒角操作。
- 编辑图形对象。
- 设置图形对象属性。

**【学习目标】**

- 掌握图形对象的选择方法。
- 掌握调整图形形状的方法。
- 掌握操作平面视图的方法。
- 掌握图形对象属性的设置方法。

 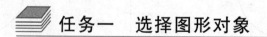

**【实战演练1】 构造选择集**

选择对象的方法大多是直接在图形上单击，如果需要选择的对象很多，采用单击对象的方式会很麻烦,这时就需要采用选择集的方式。选择集可以理解为所有要编辑的图形对象的集合。

选择"工具"→"选项"命令,弹出"选项"对话框,如图 5-1 所示,利用"选项"对话框中的"选项集"选项卡,可以设置对象的选择模式、拾取框的大小、选择集模式、夹点功能等。

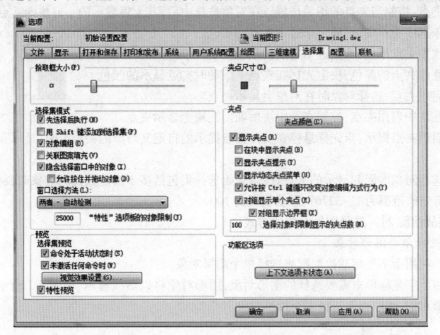

图 5-1 "选项"对话框

选择集的命令调用方式：
- 菜单命令:"工具"→"选项"。
- 命令行:OPTIONS。

图 5-1 中各选项的含义如下：
- ◆ 拾取框的大小:控制拾取框的显示大小。
- ◆ 选择集预览:当拾取框光标滚动过对象时,亮显对象。
- ◇ 命令处于活动状态时:仅当某个命令处于活动状态并显示"选择对象"提示时,才会显示选择预览。
- ◇ 未激活任何命令时:即使未激活任何命令,也可显示选择预览。
- ◇ 视觉效果设置:显示"视觉效果设置"对话框。
- ◆ 选择集模式:控制与对象选择方法相关的设置。
- ◇ 先选择后执行:允许在选择命令之前选择对象。
- ◇ 用〈Shift〉键添加到选择集:按〈Shift〉键选择对象时,可以向选择集中添加对象或从选择集中删除对象。
- ◇ 隐含选择窗口中的对象:在对象外选择了一点时,初始化选择窗口中的图像。
- ◇ 对象编组:选择编组中的一个对象就选择了编组中的所有对象。使用 GROUP 命令,可以创建和命令一组选择对象。

◇ 失联填充:确定选择失联填充时将选定哪些对象。

◆ 功能区选项:通过"上下文选项卡状态"按钮,显示"功能区上下文选项卡状态选项"对话框,可以设置功能区上下文选项卡的显示设置对象选项。

◆ 夹点大小:控制夹点的显示大小。

◆ 夹点:控制与夹点的相关位置。在对象被选中后,其上将显示的小方块即夹点。

◇ 未选中夹点颜色:确定未选中夹点的颜色。

◇ 选中夹点颜色:确定选中夹点的颜色。

◇ 悬停夹点的颜色:决定光标在夹点上滚动时夹点显示的颜色。

◇ 启用夹点:选择对象时在对象上显示夹点。

◇ 在块中启用夹点:控制在选中块后如何在块上显示夹点。

◇ 启用夹点提示:当光标悬停在支持夹点提示的自定义对象的夹点上时,显示夹点的特定提示。

◆ 选择对象时限制显示的夹点数:当初始选择集包括多于指定数目的对象时,将不显示夹点。有效值范围为 1~32767,默认设置为 100。

**【实战演练2】 选择图形对象的方式。**

1. 选择单个图形对象

(1) 利用十字光标或拾取框来选择单个图形对象。

利用十字光标单击需要选择的图形对象,图形对象将以虚线显示,如图 5-2 所示。依次单击图形对象,可以逐一选择多个图形对象。

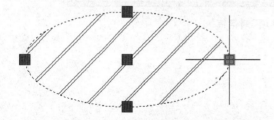

图 5-2 利用十字光标或拾取框来选择单个图形对象

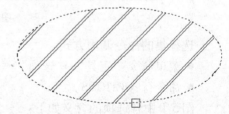

图 5-3 利用拾取框选择图形对象

(2) 利用拾取框选择图形对象。

当启用了某个命令后,十字光标会变为拾取框。利用拾取框单击需要选择的图形对象,图形对象将以虚线显示,如图 5-3 所示。

2. 选择多个图形对象

通过矩形框、交叉矩形框、多边形框、交叉多边形框等可以一次选择多个图形对象。

(1) 通过矩形框选择多个图形对象。

在图形对象的左上角或左下角单击,然后向右下角或右上角方向移动鼠标,将出现一个背景为蓝色的矩形实线框。当矩形框将需要选择的图形对象包围时,单击鼠标确定矩形框,即可选择矩形框内的所有图形对象,如图 5-4 所示。选择的图形对象以带有夹点的虚线显示。

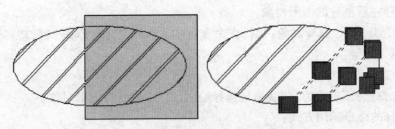

图 5-4 通过矩形框选择多个图形对象

（2）通过交叉矩形框选择多个图形对象。

在图形对象的右上角或右下角单击,然后向左下角或左上角方向移动鼠标,将出现一个背景为绿色的矩形虚线框。当矩形虚线框将需要选择的图形对象包围时,单击鼠标确定矩形虚线框,即可选择矩形虚线框内以及与矩形虚线框相交的所有图形对象,如图 5-5 所示。选择的图形对象以带有夹点的虚线显示。

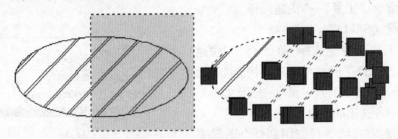

图 5-5 通过交叉矩形框选择多个图形对象

（3）通过多边形框选择多个图形对象。

当 AutoCAD 提示"选择对象:"时,在命令行中输入"WP",按 Enter 键,绘制一个封闭的多边形框,即可选择包围在多边形框内的所有图形对象,如图 5-6 所示。启用"复制"命令后,通过多边形框选择多个图形对象。

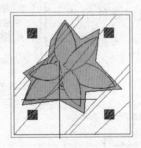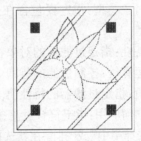

图 5-6 通过多边形框选择多个图形对象

（4）通过交叉多边形框选择多个图形对象。

当 AutoCAD 提示"选择对象:"时,在命令行中输入"CP",按〈Enter〉键,绘制一个封闭的多边形,即可选择包围在多边形框内以及与多边形框相交的所有图形对象。

（5）通过折线选择多个图形对象。

当 AutoCAD 提示"选择对象:"时,在命令行中输入"F",按〈Enter〉键,绘制一条折线,即可选择所有与折线相交的图形对象。

(6)选择左后创建的图形对象。

当 AutoCAD 提示"选择对象:"时,在命令行中输入"L",按〈Enter〉键,即可选择左后创建的所有图形。

**3. 选择全部图形对象**

启用"全部选择"命令,可以快速地选择绘图窗口中的所有图形对象。

全部选择的命令调用方式:

- 菜单命令:"编辑"→"全部选择"。
- 快捷键:〈Ctrl〉+〈A〉组合键。
- 命令行:命令行提示"选择对象:"时,输入"ALL",按〈Enter〉键。

**4. 快速选择指定的图形对象**

启用"快速选择"命令,可以快速选择指定类型的图形对象或具有指定属性的图形对象。

快速选择的命令调用方式:

- 菜单命令:"工具"→"快速选择"。
- 命令行:QSELECT。

选择"工具"→"快速选择"命令,弹出"快速选择"对话框,如图5-7所示,在其中可快速选择指定类型的图形对象或具有指定属性的图形文件。

对话框中各选项的含义如下:

◆ 应用到:将过滤条件应用到整个图形或当前选择集。

◆ 选择对象 按钮:单击该按钮,临时关闭"快速选择"对话框,选择要对其应用过滤条件的对象。按〈Enter〉键,返回到"快速选择"对话框。

◆ 对象类型:指定要包含在过滤条件中的对象类型。

◆ 特性:指定过滤器的对象特性。

◆ 运算符:控制过滤的范围。

◆ 值:指定过滤器的特性值。

◆ 如何应用:指定符合过滤条件的对象"包括在新选择集中"或"排除在新选择集之外"。

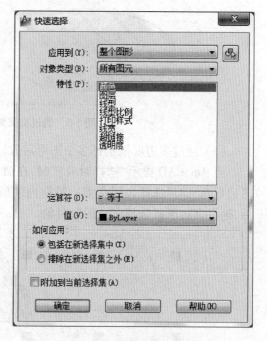

图5-7 "快速选择"对话框

◆ 附加到当前选择集:指定是选择集替换还是附加到当前选择集。

**5. 向选择集添加或删除图形对象**

在绘图过程中,选择图形对象通常不能一次完成,需要通过对选择集添加或者删除图形对象来完成。若想对选择集添加或删除图形对象,可以利用以下两种方法。

方法一:利用十字光标进行选择。

利用十字光标选择需要加入的图形对象,即可为选择集添加图形对象。而在按住〈Shift〉键的同时选择已选中的图形对象,则可取消该图形对象的选择状态。

方法二：在命令行中输入命令。

在命令行中输入添加或删除图形对象的命令，可以控制图形对象的选择状态。

6. 取消选择的图形对象

在绘制过程中，利用 AutoCAD 提供的命令，可以取消所有已选择的图形对象。

取消选择的命令启用方式：

- 菜单命令：在绘图窗口中单击右键，从弹出的快捷菜单中选择"全部不选"命令。
- 快捷键：〈Esc〉键。

## 任务二　调整和复制图形对象

【实战演练1】　复制图形对象

"复制"命令用来复制一个已有的对象。用户可以对所选的对象进行复制，并放在指定位置，不变动原图像。

复制命令的调用方式：

- 工具栏："修改"工具栏中的"复制"按钮。
- 菜单命令："修改"→"复制"。
- 命令行：COPY(CO)。

例如，复制休闲椅，如图5-8所示。

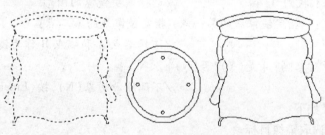

图5-8　复制休闲椅

命令：_copy　　　　　　　　　　　　　//单击"复制"按钮

选择对象：找到 1 个　　　　　　　　　//选择休闲椅

选择对象：　　　　　　　　　　　　　 //按〈Enter〉键

当前设置：　复制模式 = 多个

指定基点或 [位移(D)/模式(O)] <位移>：

　　　　　　　　　　　　　　　　　　 //选择休闲椅进行复制

指定第二个点或 [阵列(A)] <使用第一个点作为位移>：

　　　　　　　　　　　　　　　　　　 //指定复制的休闲椅的位置

第二个点或 [阵列(A)/退出(E)/放弃(U)] <退出>：

　　　　　　　　　　　　　　　　　　 //按〈Enter〉键完成

**【实战演练 2】 镜像图形对象**

"镜像"命令用于生成所选实体的对称图形,操作时需要指出对称轴线。对称轴线可以是任意方向的,原图形可以删除或保留。

镜像的命令调用方式:
- 工具栏:"修改"工具栏中的"镜像"按钮 。
- 菜单命令:"修改"→"镜像"。
- 命令行:MIRROR(MI)。

例如,镜像餐桌,如图 5-9 所示。

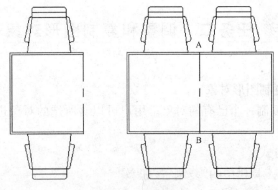

图 5-9 镜像餐桌

命令:_mirror　　　　　　　　　　//单击"镜像"按钮
选择对象:找到 1 个　　　　　　　//选择需要镜像的图形
选择对象: 指定镜像线的第一点:指定镜像线的第二点:
　　　　　　　　　　　　　　　　//选择端点 A 和端点 B 作为镜像对称轴线
要删除源对象吗?[是(Y)/否(N)] <N>:
　　　　　　　　　　　　　　　　//不删除源对象(N),按〈Enter〉键完成

各选项的含义如下:
- ◆ 选择对象:选取镜像目标。
- ◆ 指定镜像线的第一点:输入对称线第一点。
- ◆ 指定镜像线的第二点:输入对称线第二点。
- ◆ 要删除源对象吗?[是(Y)/否(N)]:提示选择从图形中删除或保留原始对象,默认值是保留原始对象。

**【实战演练 3】 偏移图形对象**

"偏移"命令用于建立一个与选择对象相似的平行对象。等距离偏移一个对象时,需指出等距偏移的距离和偏移方向,也可以指定一个偏移对象通过的点。它可以平行复制圆弧、直线、圆、样条曲线和多段线。若偏移的对象为封闭体,则偏移后图形被放大或缩小,原实体不变。

偏移的命令调用方式:
- 工具栏:"修改"工具栏中的"偏移"按钮。

- 菜单命令:"修改"→"偏移"。
- 命令行:OFFSET(O)。

例如,偏移图形,如图5-10所示。

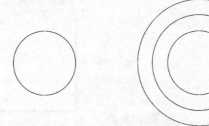

图 5-10　偏移图形

命令:_offset　　　　　　　　　　　　　　　　　//启动"偏移"命令按钮

当前设置:删除源=否　图层=源　OFFSETGAPTYPE=0

指定偏移距离或 [通过(T)/删除(E)/图层(L)] <200.0000>: 50

//输入偏移距离

选择要偏移的对象,或 [退出(E)/放弃(U)] <退出>:

//选择圆

指定要偏移的那一侧上的点,或 [退出(E)/多个(M)/放弃(U)] <退出>:

//在圆外侧单击

选择要偏移的对象,或 [退出(E)/放弃(U)] <退出>:

//选择外侧圆

指定要偏移的那一侧上的点,或 [退出(E)/多个(M)/放弃(U)] <退出>:

//在圆外侧单击

选择要偏移的对象,或 [退出(E)/放弃(U)] <退出>:

//按〈Enter〉键完成

各选项的含义如下:

◆ 偏移距离:指定偏移的距离(必须大于0)。
◆ 通过(T):指定偏移对象通过的点。
◆ 删除(E):设置是否删除源对象。
◆ 图层(L):设置是否在源对象所在的图层偏移。

**【实战演练4】　阵列图形对象**

"阵列"命令可以将指定目标进行矩形阵列或环形阵列,而且每一个对象都可以独立处理。

阵列的命令调用方式:

- 工具栏:"修改"工具栏中的"阵列"按钮。
- 菜单命令:"修改"→"阵列"。
- 命令行:ARRAY(AR)。

在 AutoCAD 中,执行"阵列"命令,弹出"阵列"对话框,如图5-11所示(因2014版本"阵列"对话框被取消,必须下载 SP1 的补丁包才能显示)。

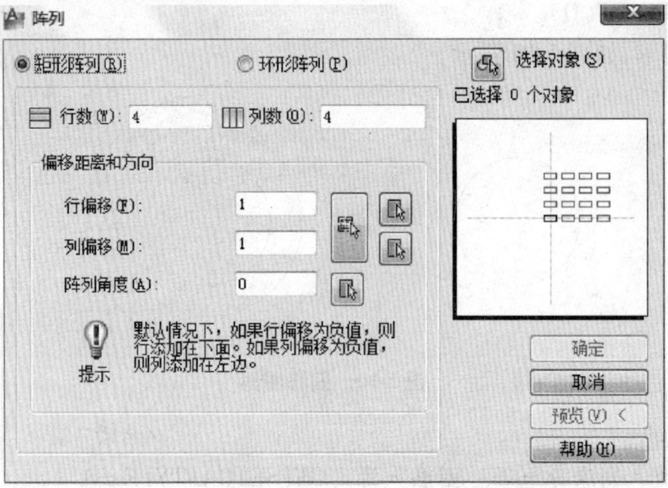

图 5-11 "阵列"对话框

1. 矩形阵列

选取"矩形阵列"选项卡,其各项参数功能如下:
- 行数:用于输入矩形阵列的行数。
- 列数:用于输入矩形阵列的列数。
- 行偏移:用于输入矩形阵列的行间距。
- 列偏移:用于输入矩形阵列的列间距。
- 阵列角度:用于输入矩形阵列相对于 UCS 坐标系 X 轴旋转的角度。
- 按钮：该按钮可以让用户在屏幕上选择一个矩形区域以确定阵列的行及列间距,长度方向为行间距,高度方向为列间距。
- 行偏移：该按钮可以让用户在屏幕上单击两点以确定矩形阵列的行间距。
- 列偏移：该按钮可以让用户在屏幕上单击两点以确定矩形阵列的列间距。
- 阵列角度：该按钮可以让用户在屏幕上单击两点以确定矩形阵列相对于 UCS 坐标系 X 轴旋转的角度。
- 选择对象：该按钮可以让用户在屏幕上选择将要进行矩形阵列的对象。

2. 环形阵列

选择"环形阵列"选项卡,如图 5-12 所示。
- 中心点:该文字框用于输入中心点的坐标。
- 方法:该文字框用于输入环形阵列的方式,它有三种可以选择的阵列方式。
  ◇ 项目总数和填充角度:通过中心、总角度和阵列对象之间的角度来控制环形阵列。此时,"项目间角度"项为灰色,不可选。
  ◇ 项目总数和项目间角度:通过中心、复制份数和阵列对象之间的角度来控制环形阵列。此时,"填充角度"项为灰色,不可选。

项目五 图形编辑操作

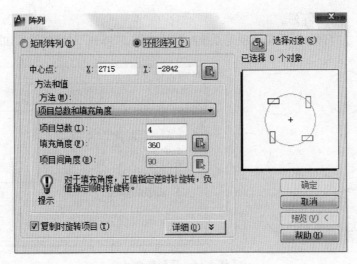

图 5-12 "环形阵列"选项卡

◇ 填充角度和项目间角度:通过中心、复制份数和总角度来控制环形阵列。此时,"项目总数"项为灰色,不可选。

◆ 项目总数:该文字框用于输入环形阵列复制份数。

◆ 填充角度:该文字框用于输入环形阵列总角度。

◆ 项目间角度:该文字框用于输入原始对象相对于中心点旋转或保持原始对象的原有方向。

◆ 复制时旋转项目:选中该复选框,表示在复制阵列时旋转。

◆ 中心点 :单击该按钮,可以在屏幕上单击一点以确定环形阵列的中心。

◆ 填充角度 :单击该按钮,可以在屏幕上单击两点以确定环形阵列的阵列总角度。

◆ 项目间角度 :单击该按钮,可以在屏幕上单击两点以确定环形阵列对象之间的角度。

◆ 选择对象 :单击该按钮,可以在屏幕上选择将要进行环形阵列的对象。

**课堂案例 1** 矩形阵列。

**习题分析 1** "矩形阵列"单选项是系统的默认选项。"阵列"对话框显示如图 5-13 所示。

图 5-13 矩形阵列

**课堂案例 2**　环形阵列。

**习题分析 2**　"环形阵列"单选项是系统的默认选项。"阵列"对话框显示如图 5-14 所示。

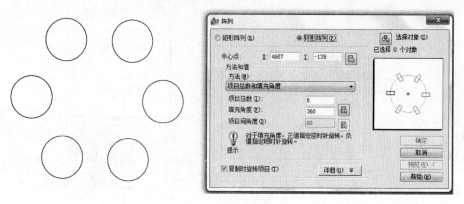

图 5-14　环形阵列

## 任务三　移动图形对象

启动"移动"命令，可对所选的图形对象进行平移，而不改变该图形对象的方向和大小。
移动的命令调用方式：
- 工具栏："修改"工具栏中的"移动"按钮 ⊕。
- 菜单命令："修改"→"移动"。
- 命令行：MOVE（M）。

例如，将一图案放在菱形中心，结果如图 5-15 所示。

图 5-15　将图案放在菱形中心

命令：_move　　　　　　　　　　　　　　　//单击"移动"按钮 ⊕
选择对象：找到 1 个　　　　　　　　　　　//选中需要移动的图形
选择对象：　　　　　　　　　　　　　　　//按〈Enter〉键
指定基点或 [位移（D）] <位移>：<正交开>　//打开对象捕捉，捕捉角点
指定第二个点或 <使用第一个点作为位移>：　//捕捉菱形角点

(1) 在"正交"状态下,直接输入位移数值。

打开正交开关,选择需要移动的图形对象,然后指定基点,沿水平或竖直方向移动鼠标,并输入移动的距离值,即可在水平或竖直方向移动图形对象。

(2) 输入相对坐标值。

选择图像对象后,指定基点,然后利用相对坐标值(@ X, Y 或 @ R < α)的形式输入移动距离值。按〈Enter〉键,图形对象即可移动到指定的位置。

**【实战演练】 旋转图形对象**

启用"旋转"命令,可以将图形对象绕着某一基点旋转,从而改变图形对象的方向。用户可以通过指定基点,然后输入旋转角度来旋转图形对象;也可以指定某个方位作为参照,然后旋转一个新的图形对象或输入一个新的角度值来确定要旋转到的目标位置。

旋转的命令调用方式:

- 工具栏:"修改"工具栏中的"旋转"按钮 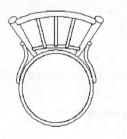。
- 菜单命令:"修改"→"旋转"。
- 命令行:ROTATE(RO)。

例如,旋转图像后结果如图 5-16 所示。

图 5-16　旋转图像

```
命令:_rotate                                    //单击"旋转"按钮
UCS 当前的正角方向： ANGDIR = 逆时针  ANGBASE = 0
选择对象:找到 1 个                              //选择椅子
选择对象:                                       //按〈Enter〉键
指定基点:                                       //捕捉旋转中心点
指定旋转角度,或 [复制(C)/参照(R)] <0>:          //旋转角度值
```

各选项的含义如下:

◆ 指定旋转角度:通过输入旋转角度来旋转图形对象。若输入的旋转角度为正值,则图形对象沿逆时针方向旋转;若为负值,则图形对象沿顺时针方向旋转。

◆ 复制(C):旋转图形对象时,在原位置保留该图形对象。

◆ 参照(R):通过旋转参照的方式来旋转图形对象。指定某个方向作为参照的起始角,然后选择一个新图形对象来指定原图形对象要旋转到的目标位置。

## 任务四 调整图形形状

AutoCAD 提供了多种命令来调整图形对象的形状。

**【实战演练1】 缩放对象**

"缩放"命令可以按照用户的需要将图形对象按指定的比例因子放大或缩小。

缩放的命令调用方式:

- 工具栏:"修改"工具栏中的"缩放"按钮 。
- 菜单命令:"修改"→"缩放"。
- 命令行:SCALE(SC)。

例如,缩放菱形图案后结果如图 5-17 所示。

图 5-17　缩放菱形图案

| 命令:_scale | //单击"缩放"按钮 |
| 选择对象:指定对角点:找到 8 个 | //选择菱形 |
| 选择对象: | //按〈Enter〉键 |
| 指定基点: | //捕捉中心 |
| 指定比例因子或 [复制(C)/参照(R)]:0.5 | //输入缩放比例因子 |

**【实战演练2】 拉伸对象**

"拉伸"命令用于按规定的方向和角度拉长或缩短实体。

拉伸的命令调用方式:

- 工具栏:"修改"工具栏中的"拉伸"按钮 。
- 菜单命令:"修改"→"拉伸"。
- 命令行:STRETCH(S)。

例如,拉伸图形后结果如图 5-18 所示。

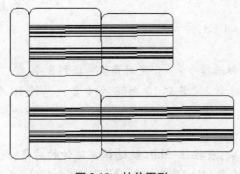

图 5-18　拉伸图形

| | |
|---|---|
| 命令：_stretch | //单击"拉伸"按钮 |
| 以交叉窗口或交叉多边形选择要拉伸的对象… | //选择拉伸对象 |
| 选择对象：指定对角点：找到 10 个 | |
| 选择对象： | //按〈Enter〉键 |
| 指定基点或［位移(D)］＜位移＞： | //选择中心线的端点 |
| 指定第二个点或 ＜使用第一个点作为位移＞： | //向右移动鼠标并单击 |

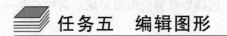

## 任务五　编辑图形

在 AutoCAD 中绘制复杂的工程图时，一般是先绘制图形的基本形状，然后启用图形对象的编辑命令对其进行编辑，如修剪、延伸、打断等。

### 【实战演练1】　修剪对象

"修剪"命令是比较常用的图形对象编辑命令，启用"修剪"命令可以修剪多余的线段。

修剪的命令调用方式：

- 工具栏："修改"工具栏中的"修剪"按钮 。
- 菜单命令："修改"→"修剪"。
- 命令行：TRIM(TR)。

例如，修剪图形后结果如图 5-19 所示。

图 5-19　修剪图形

命令：_trim                                            //单击"修剪"按钮 ⊬
当前设置：投影＝UCS，边＝无
选择剪切边…
选择对象或＜全部选择＞： 指定对角点：找到 8 个
选择对象：指定对角点：找到 10 个(8 个重复)，总计 10 个
                                            //选择需要修剪的线段
选择对象：
选择要修剪的对象，或按住 Shift 键选择要延伸的对象，或
    [栏选(F)/窗交(C)/投影(P)/边(E)/删除(R)/放弃(U)]：
                                            指定对角点：
选择要修剪的对象，或按住 Shift 键选择要延伸的对象，或
    [栏选(F)/窗交(C)/投影(P)/边(E)/删除(R)/放弃(U)]：
                                            指定对角点：
选择要修剪的对象，或按住 Shift 键选择要延伸的对象，或
    [栏选(F)/窗交(C)/投影(P)/边(E)/删除(R)/放弃(U)]：
                                            //按〈Enter〉键

各提示选项的含义如下：
◆ 栏选(F)：通过选择栏选择要修剪的图形对象。选择栏是一系列临时线段，由两个或多个栏选点构成。
◆ 窗交(C)：通过矩形框来选择要修剪的图形对象。
◆ 投影(P)：通过投影模式来选择要修剪的图形对象。
◆ 延伸(E)：用于以延伸剪切边的方式修剪图形对象。如果剪切边没有与要修剪的图形对象相交，则不进行修剪。
◆ 不延伸(N)：用于以不延伸剪切边的方式修剪图形对象。如果剪切边没有与要修剪的图形对象相交，则不进行修剪。
◆ 删除(R)：用于取消图形对象的选择状态。
◆ 放弃(U)：用于放弃修剪操作。

【实战演练2】 延伸对象

启用"延伸"命令，可以将线段、曲线等对象延伸到指定的边界，使其与边界相交。
延伸的命令调用方式：
● 工具栏："修改"工具栏中的"延伸"按钮 ⊢⁄ 。
● 菜单命令："修改"→"延伸"。
● 命令行：EXTEND(EX)。
例如，延伸图形后结果如图 5-20 所示。

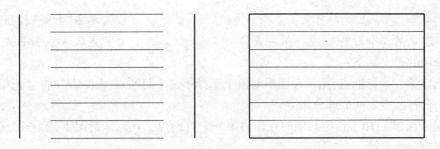

图 5-20　延伸图形

命令：_extend　　　　　　　　　　　　　　//单击"延伸"按钮
当前设置：投影＝UCS,边＝无
选择边界的边…
选择对象或＜全部选择＞：找到1个
选择对象：找到1个,总计2个
选择对象：指定对角点：找到8个,总计10个　　//选中需要操作的对象
选择对象：　　　　　　　　　　　　　　　　//按〈Enter〉键
选择要延伸的对象,或按住 Shift 键选择要修剪的对象,或
　　[栏选(F)/窗交(C)/投影(P)/边(E)/放弃(U)]：指定对角点：
　　　　　　　　　　　　　　　　　　　　　　//选择被延伸的图形
选择要延伸的对象,或按住 Shift 键选择要修剪的对象,或
　　[栏选(F)/窗交(C)/投影(P)/边(E)/放弃(U)]：指定对角点：
选择要延伸的对象,或按住 Shift 键选择要修剪的对象,或
　　[栏选(F)/窗交(C)/投影(P)/边(E)/放弃(U)]按〈Enter〉键

【实战演练3】　打断对象

利用"打断"命令可以将直线、弧、圆、多段线、椭圆、样条线、射线分成两个实体或删除某一部分。该命令可以通过指定两点、选择物体后再指定两点的方式断开实体。

打断的命令调用方式：
- 工具栏："修改"工具栏中的"打断"按钮。
- 菜单命令："修改"→"打断"。
- 命令行：BREAK(BR)。

例如,将其图形打断后的效果如图 5-21 所示。

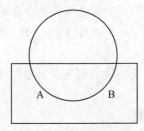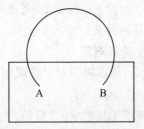

图 5-21　打断图形

命令:_break 选择对象:　　　　　　　　　　　　//单击"打断"按钮
指定第二个打断点 或 [第一点(F)]:　　　　　　//点取 A 点和 B 点

各选项的含义如下:
◆ 指定第二个打断点:用于在图形对象上选择第二个打断点,AutoCAD 将会把第一打断点与第二个打断点之间的部分删除。
◆ 第一点(F):用于指定其他的点作为第一个打断点。在默认情况下,第一次选择图形对象时单击的点为第一个打断点。

【实战演练 4】　打断于点
"打断于点"命令用于打断所选的对象,使之成为两个对象。
打断于点的命令调用方式:
● 工具栏:"修改"工具栏中的"打断于点"按钮。

例如,打断于点后结果如图 5-22 所示。

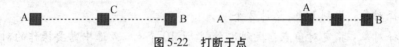

图 5-22　打断于点

命令:_break 选择对象:　　　　　　　　　　　//单击"打断于点"按钮
指定第二个打断点 或 [第一点(F)]:f
指定第一个打断点:　　　　　　　　　　　　　//在 C 处单击线段 AB
指定第二个打断点:@

【实战演练 5】　合并对象
利用"合并"命令可以将多个相似的对象合并为一个对象。
合并的命令调用方式:
● 工具栏:"修改"工具栏中的"合并"按钮。
● 菜单命令:"修改"→"合并"。
● 命令行:JOIN。

例如,将两个线段合并,结果如图 5-23 所示。

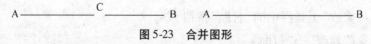

图 5-23　合并图形

命令:_join 选择源对象或要一次合并的多个对象:找到 1 个
　　　　　　　　　　　　　　　　　　　　　　//单击"合并"按钮
选择要合并的对象:找到 1 个,总计 2 个　　　　//选择需要合并的线段
选择要合并的对象:　　　　　　　　　　　　　//按〈Enter〉键

【实战演练 6】　分解对象
利用"分解"命令,可以将图形对象或用户定义的块分解为最基本的图形对象。
分解的命令调用方式:
● 工具栏:"修改"工具栏中的"分解"按钮。
● 菜单命令:"修改"→"分解"。

- 命令行:EXPLODE(X)。

例如,分解图形,结果如图 5-24 所示。

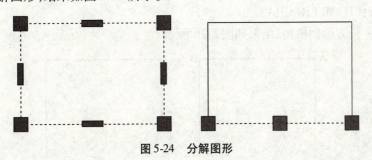

图 5-24　分解图形

命令:_explode　　　　　　　　　　　　　　　//单击"分解"按钮
选择对象:找到 1 个　　　　　　　　　　　　//选择长方形
选择对象:　　　　　　　　　　　　　　　　//按〈Enter〉键

**【实战演练 7】　删除对象**

利用"删除"命令,可以删除多余的图形对象。

删除的命令调用方式:

- 工具栏:"修改"工具栏中的"删除"按钮。
- 菜单命令:"修改"→"删除"。
- 命令行:ERASE。

例如,将线段 AB 删除后效果如图 5-25 所示。

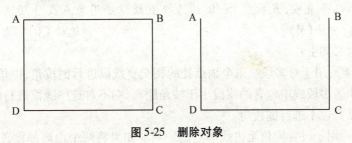

图 5-25　删除对象

命令:_erase　　　　　　　　　　　　　　　//单击"删除"按钮
选择对象:找到 1 个　　　　　　　　　　　　//选择线段 AB
选择对象:　　　　　　　　　　　　　　　　//按〈Enter〉键

## 任务六　倒角操作

**【实战演练 1】　倒棱角**

利用"倒角"命令可将两条非平行直线或多段线作出有斜度的倒角。

倒角的命令调用方式:

- 工具栏:"修改"工具栏中的"倒角"按钮 。
- 菜单命令:"修改"→"倒角"。
- 命令行:CHAMFER(CHA)。

例如,对一长方形倒棱角,结果如图 5-26 所示。

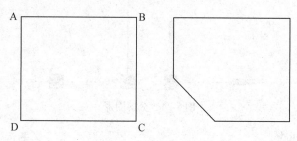

图 5-26　长方形倒棱角

命令:_chamfer                              //单击"倒角"按钮
("修剪"模式)当前倒角长度 = 200.0000,角度 = 200
选择第一条直线或 [放弃(U)/多段线(P)/距离(D)/角度(A)/修剪(T)/方
　　式(E)/多个(M)]:                     //选择 AD 线段
选择第二条直线,或按住 Shift 键选择直线以应用角点或 [距离(D)/角度
　　(A)/方法(M)]:d                      //选择距离选项
指定 第一个 倒角距离 <0.0000>:200         //输入第一个倒角距离
指定 第二个 倒角距离 <200.0000>:          //按〈Enter〉键
选择第二条直线,或按住 Shift 键选择直线以应用角点或 [距离(D)/角度
　　(A)/方法(M)]:                       //选择 CD 线段

各选项的含义如下:

◆ 多段线(P):用于对多段线每个顶点处的相交直线段进行倒棱角,棱角将成为多段线中的新线段。如果多段线中包含的线段小于棱角距离,则不对这些线段进行倒棱角。此外,多段线首尾连接处也不进行倒棱角。

◆ 距离(D):用于设置棱角至边线端点的距离。如果将两个距离都设置为零,AutoCAD 将延伸或修剪相应的两条线段,使二者先交于一点。

◆ 角度(A):通过设置第一条边线的棱角距离以及第二条边线的角度来进行倒棱角。

◆ 修剪(T):用于控制倒棱角操作是否修剪图形对象。

◆ 方式(E):用于控制倒棱角的方式,即选择是通过设置棱角的两个距离还是通过设置一个距离和角度的方式来倒棱角。

◆ 多个(M):用于为多个图形对象进行倒棱角操作,此时 AutoCAD 将重复显示提示命令,直到按〈Enter〉键结束。

【实战演练2】 倒圆角

通过倒圆角可以方便、快速地在两个图形对象之间绘制光滑的过渡圆弧线。在 AutoCAD 中启用"圆角"命令可以进行倒圆角操作。

倒圆角的命令调用方式:

- 工具栏:"修改"工具栏中的"倒圆角"按钮 。
- 菜单命令:"修改"→"倒圆角"。
- 命令行:FILLET(F)。

例如,对一长方形倒圆角,结果如图 5-27 所示。

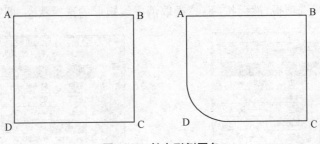

图 5-27　长方形倒圆角

命令:_fillet　　　　　　　　　　　　　　　　//单击"倒圆角"按钮
当前设置:模式 = 修剪,半径 = 0.0000
选择第一个对象或 [放弃(U)/多段线(P)/半径(R)/修剪(T)/多个(M)]:r
指定圆角半径 <0.0000>:200　　　　　　　　//选择半径,输入半径值
选择第一个对象或 [放弃(U)/多段线(P)/半径(R)/修剪(T)/多个(M)]:
　　　　　　　　　　　　　　　　　　　　　　//选择线段 CD
选择第二个对象,或按住 Shift 键选择对象以应用角点或 [半径(R)]:
　　　　　　　　　　　　　　　　　　　　　　//选择线段 AD

## 任务七　设置图形对象属性

对象属性是指 AutoCAD 赋予图形对象的颜色、线型、图层、高度和文字样式等属性。

【实战演练1】　修改图形对象属性

"特性"选项板显示了图形对象的各个属性,通过该选项板可以修改图形对象的属性。
对象特性的命令调用方式:

- 工具栏:"标准"工具栏中的"对象特性"按钮 。
- 菜单命令:"工具"→"选项板"→"特性"。
- 命令行:PROPERTIES。

例如,修改线型比例,结果如图 5-28 所示。其操作步骤如下:

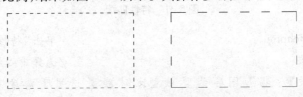

图 5-28　修改线型比例

① 单击"标准"工具栏中的"特性"按钮,弹出"特性"对话框,如图 5-29 所示。

② 在绘图窗口中选中虚线矩形。

③ 在"特性"选项板的"常规"选项组中选择"线型比例"选项,然后在其右侧的数值框中输入新的线型比例因子"3",如图 5-30 所示。

④ 关闭"特性"选项板,然后按〈Esc〉键取消虚线矩形的选择状态,即完成了此次修改。

图 5-29 "特性"对话框

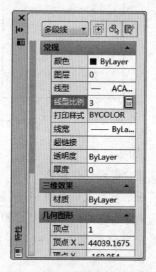
图 5-30 输入新的线型比例因子

【实战演练 2】 匹配图形对象属性

启用"特性匹配"命令,可以使两个图形对象的属性相互匹配,如使图形对象的颜色、线型和图层相互一致。

特性匹配的命令调用方式:

- 工具栏:"标准"工具栏中的"特性匹配"按钮。
- 菜单命令:"标准"→"特性匹配"。
- 命令行:MATCHPROP。

如图 5-31 所示即为特性匹配后的效果。

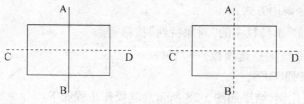

图 5-31 特性匹配

命令:_matchprop　　　　　　　　　　　　　　//单击"特性匹配"按钮

选择源对象:　　　　　　　　　　　　　　　　//选择中心线 CD

当前活动设置:颜色 图层 线型 线型比例 线宽 透明度 厚度 打印样式 标注
　文字 图案填充 多段线 视口 表格材质 阴影显示 多重引线

选择目标对象或 [设置(S)]：　　　　　　　　//选择中心线 AB
选择目标对象或 [设置(S)]：　　　　　　　　//按〈Enter〉键

各选项的含义如下：
◆ 选择目标对象：用于选择接受属性匹配的目标对象。
◆ 设置(S)：用于设置目标对象的部分属性与源对象相一致。输入字母"S"，按〈Enter〉键，弹出"特性设置"对话框，如图 5-32 所示，从中可以选择需要的属性，将其传递给目标对象。

图 5-32　"特性设置"对话框

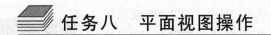

## 任务八　平面视图操作

在绘图过程中，为了方便管理和查看图形，通常需要鸟瞰、命名或平铺视图。

【实战演练1】　鸟瞰视图

利用鸟瞰视图功能可以方便、快捷地观察整幅图形。鸟瞰窗口是一个与绘图窗口分离的独立窗口，专门用于鸟瞰视图。

鸟瞰视图的命令调用方式：
● 命令行：DSVIEWER。

其操作步骤如下：
① 选择"文件"→"打开"命令，打开"学生文件夹"中的"平面图.dwg"文件，如图 5-33 所示。

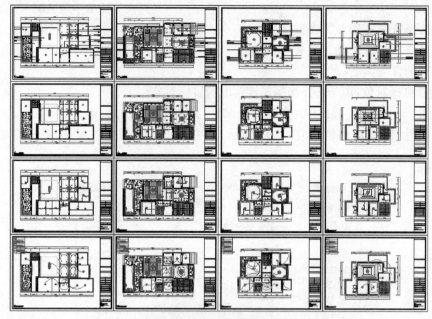

图5-33 平面图文件

② 在命令行中键入"DSVIEWER",然后按回车键,弹出"鸟瞰视图"窗口。当前视口中视图边界的粗线矩形框被称为"视图框",如图5-34所示。可以通过改变视图框来改变图形中的视图显示部分。图形放大显示时,视图框会缩小;图形缩小显示时,视图框会放大。利用鼠标左键可以进行平移和缩放操作。

③ 在"鸟瞰视图"窗口中单击,将出现一个中间有交叉标记的矩形框,如图5-35所示。它表明视图处于平移状态。移动鼠标,矩形框将跟随鼠标移动,这样就可以通过移动矩形框来观察图形的各个细节。

图5-34 视图框

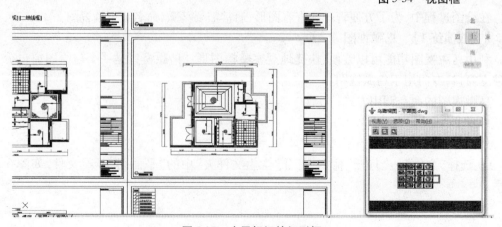

图5-35 交叉标记的矩形框

④ 移动矩形框到适当的位置后单击,矩形框中间的交叉标记会变为矩形框右侧的箭头标记,这表明视图处于缩放状态。向左移动鼠标,矩形框变小,此时放大显示图形;向右移动鼠标,矩形框放大,此时将缩小显示图形。按〈Enter〉键,确定视图框的大小及绘图窗口的图形显示。

【实战演练2】 命名视图

AutoCAD 提供了"命名视图"命令来命名,需要装配图时,便可以利用该命令来显示图形。

命名视图的命令调用方式:
- 菜单命令:"视图"→"命名视图"。
- 命令行:VIEW( V )。

选择"视图"→"命名视图"命令,弹出"视图管理器"对话框,如图5-36所示。在该对话框中可以保存、恢复和删除命名的视图,也可以改变已有视图的名称和查看视图的信息。

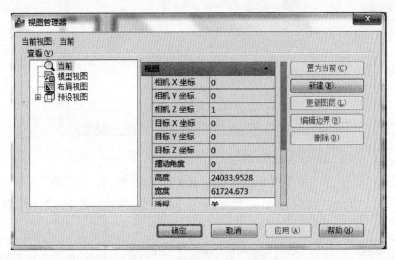

图 5-36 "视图管理器"对话框

【实战演练3】 保存命名视图

其操作步骤如下:

① 在"视图管理器"对话框中单击 [新建(N)] 按钮,弹出"新建视图"对话框,如图5-37所示。

② 在"视图名称"文本框中输入新建视图的名称。

③ 设置视图的类别,如正视图或剖视图,可以从其下拉列表中选择一个视图类别,也可以输入新的类别或保留此选项为空。

④ 如果只想保存当前视图的某一部分,可以选择"定义窗口"单选项。单击"定义视图窗口"按钮 ,可以在绘图窗口中选择要保存的视图区域。若选择"当前显示"单选项,AutoCAD 将自动保存当前绘图窗口中显示的视图。

⑤ 选中"将图层快照与视图一起保存"复选框,可以在视图中保存当前图层设置。同时也可以设置"UCS"、"活动截面"和"视觉样式"。

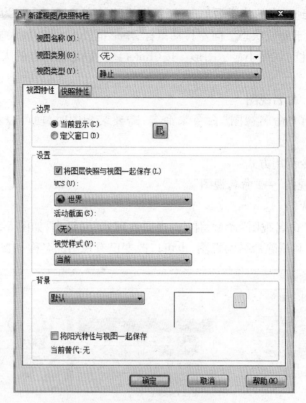

图 5-37 "新建视图"对话框

⑥ 在"背景"栏中,在"默认"下拉选框中任意单击一项,在弹出的"背景"对话框中的"类型"下拉列表中选择可以改变的背景颜色,单击 确定 按钮,返回"新建视图"对话框。

⑦ 单击 确定 按钮,返回"视图管理器"对话框。

⑧ 再次单击 确定 按钮,关闭"视图管理器"对话框。

**【实战演练 4】 恢复命名视图**

其操作步骤如下:

① 选择"视图"→"命名视图"命令,弹出"视图管理器"对话框。

② 在"视图管理器"对话框的视图列表中选择要恢复的视图。

③ 单击 置为当前(C) 按钮。

④ 单击 确定 按钮,关闭"视图管理器"对话框。

**【实战演练 5】 改变命名视图的名称**

其操作步骤如下:

① 选择"视图管理器"中要重新命名的视图。

② 在中间的"基本"栏中,选中要命名的视图名称,然后输入视图的新名称,如图 5-38 所示。

③ 单击 确定 按钮,关闭"视图管理器"对话框。

项目五 图形编辑操作

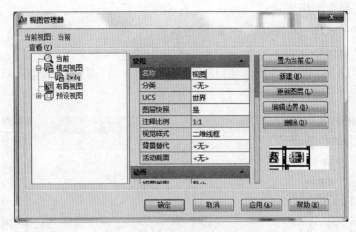

图 5-38 "视图管理器"对话框

【实战演练 6】 更新视图图层

其操作步骤如下：

① 选择"视图"→"命名视图"命令，弹出"视图管理器"对话框。

② 在"视图管理器"对话框的视图列表中选择要更新图层的视图。

③ 单击 [更新图层(L)] 按钮，更新与选定的命名视图一起保存的图层信息，使其与当前模型空间和布局视口中的图层可见性匹配。

④ 单击 [确定] 按钮，关闭"视图管理器"对话框。

【实战演练 7】 编辑视图边界

其操作步骤如下：

① 选择"视图"→"命名视图"命令，弹出"视图管理器"对话框。

② 在"视图管理器"对话框的视图列表中选择要编辑边界的视图。

③ 单击 [编辑边界(B)...] 按钮，居中并缩小显示选择的命名视图，绘图区域的其他部分会以较浅的颜色显示，以突出命名视图的边界。用户可以重复指定新边界的对角点，然后按〈Enter〉键确定。

④ 单击 [确定] 按钮，关闭"视图管理器"对话框。

【实战演练 8】 删除命名视图

其操作步骤如下：

① 选择"视图"→"命名视图"命令，弹出"视图管理器"对话框。

② 在"视图管理器"对话框的视图列表中选择要删除的视图。

③ 单击 [删除(D)] 按钮，将视图删除。

④ 单击 [确定] 按钮，关闭"视图管理器"对话框。

【实战演练 9】 平铺视图

其操作步骤如下：

若需要在绘图窗口中同时显示一幅图形的不同视图时，可以利用平铺视图功能将绘图窗口分为几个部分。

平铺视图的命令调用方式：
- 菜单命令："视图"→"视口"→"新建视口"。
- 命令行：VPORTS。

选择"视图"→"视口"→"新建视口"命令，弹出"视口"对话框，如图 5-39 所示，从中可以根据需要选择多个视口平铺视图。

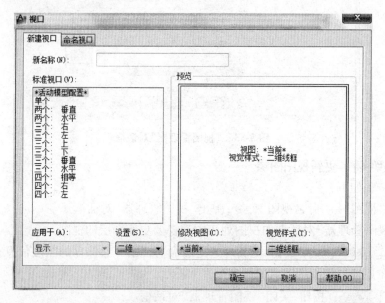

图 5-39 "视口"对话框

各选项的含义如下：
- 新名称：用于输入新建视口的名称。
- 标准视口：用于选择需要的标准视口样式。
- 应用于：用于选择平铺视图的应用范围。
- 设置：在进行二维图形操作时，可以在该下拉列表框中选择"二维"选项；如果是进行三维图形操作，可以在该下拉列表框中选择"三维"选项。
- 预览：在"标准视口"列表中选择所需设置后，可以通过"预览"窗口预览平铺视口的样式。
- 修改视图：在当前"设置"下拉列表框中选择"三维"选项时，可以在该下拉列表内选择定义各平铺视口的视角。当在"设置"下拉列表框中选择"二维"选项时，该下拉列表内只有"当前"一个选项，即选择的平铺样式内都将显示同一个视口。
- 视觉样式：有"二维线框"、"三维隐藏"、"三维线框"、"概念"和"真实"等选项可供选择。

**课后练习** 绘制床。

**习题分析** 如图 5-40 所示，利用"矩形"按钮 、"直线"按钮 、"圆弧"按钮 、"圆"按钮 、"填充"按钮 、"复制"按钮 来绘制床。参见"学生文件夹"中的"简约双人床·dwg"文件。

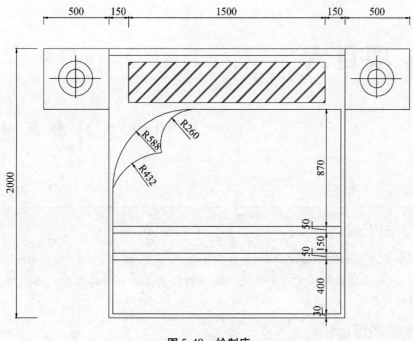

图 5-40　绘制床

# 项目六

## 图块与外部参照操作

【学前提示】

本项目重点介绍了图块的创建、编辑和使用方法，然后介绍了应用外部参照绘图的方法，从而帮助用户学习如何使用图块功能重复调用外形相似的图形对象，提高绘图速度。

【本章要点】
- 图块的创建和编辑。
- 动态块的创建和编辑。
- 外部参照。

【学习目标】
- 掌握图块的创建和编辑方法。
- 掌握图块的使用方法。
- 掌握外部参照的绘图方法。

## 任务一 创建图块

图块是一组图形的总称，是一个独立的整体，用户可以根据作图的需要将经常用到的图形定义为块，以便随时插入。

1. 启用"块"命令创建图块

创建块的命令调用方式：
- 菜单命令："绘图"→"块"→"创建"。
- 命令行：BLOCK(B)。

选择"创建块"命令，弹出"块定义"对话框，如图 6-1 所示。在该对话框中可以对图形对象进行图块的定义，将其创建为图块。

项目六　图块与外部参照操作

图 6-1 "块定义"对话框

对话框中各选项的含义如下：
- 名称：用于输入或选择图块的名称。
- 基点：用于确定图块插入基点的位置。
  ◇ X、Y、Z：用于输入插入基点的 X、Y、Z 坐标。
  ◇ "拾取点"按钮 ：用于在绘图窗口中选择插入基点的位置。
- 对象：用于选择组成图块的图形对象。
  ◇ "选择对象"按钮 ：用于在绘图窗口中选择组成图块的图形对象。
  ◇ "快速选择"按钮 ：单击该按钮，打开"快速选择"对话框，在其中利用快速过滤来选择满足条件的图形对象。
  ◇ 保留：选择该选项，则在创建图块后，所选择的图形对象仍保留在绘图窗口，并且其属性不变。
  ◇ 转换为块：选择该选项，则在创建图块后，所选择的图形对象转换为图块。
  ◇ 删除：选择该选项，则在创建图块后，所选择的图形对象将被删除。
- 设置：用于设置图块的属性。
  ◇ 块单位：用于选择图块的单位。
  ◇ 超链接(L)... 按钮：设置图块的超链接，单击该按钮，会弹出"插入超链接"对话框，从中可以将超链接与图块定义相关联。
- 说明：用于输入图块的说明文字。
- 在块编辑器中打开：选中该复选框，用于在图块编辑器中打开当前的块定义。
- "方式"选项组：用于选择组成图块的构成方式。

2. 启用"写块"命令创建图块

写块的命令调用方式：

● 命令行:WBLOCK。

启用"写块"命令,将弹出"写块"对话框,如图 6-2 所示。

图 6-2 "写块"对话框

对话框中各选项的含义如下:

◆ 源:用于选择图块和图形对象,以便将其保存为图形文件,并为其设置插入点。
◇ 块:用于从列表中选择要保存为图形文件的现有图块。
◇ 整个图形:用于将当前绘图窗口中的图形对象创建为图块。
◇ 对象:用于在绘图窗口中选择组成图块的图形对象。
◆ 基点:用于设置图块插入基点的位置。
◇ X、Y、Z:用于输入插入基点的 X、Y、Z 坐标。
◇ "拾取点"按钮 :用于在绘图窗口中选择组成图块的图形对象。
◆ 对象:用于选择组成的图形对象。
◇ "选择对象"按钮 :用于在绘图窗口中选择组成图块的图形对象。
◇ "快速选择"按钮 :单击该按钮,打开"快速选择"对话框,在其中利用快速过滤来选择满足条件的图形对象。
◇ 保留:选择该选项,则在创建图块后,所选择的图形对象仍保留在绘图窗口中,并且其属性不变。
◇ 转换为块:选择该选项,则在创建图块后,所选择的图形对象转换为图块。
◇ 从图形中删除:选择该选项,则在创建图块后,所选择的图形对象将被删除。
◆ 目标:用于设置图块文件的名称、位置和插入图块时使用的测量单位。
◇ 文件名和路径:用于输入或选择图形文件的名称和保存位置。单击右侧的 按钮,弹出"浏览图形文件"对话框,可以设置图块的保存位置,并输入图块的名称。
◇ 插入单位:用于选择插入图块时使用的测量单位。

## 任务二　插入图块

在绘图时,用户可以将已建好的图块插入到当前图形中。在插入图块时,用户需要指定图块的名称、插入点、缩放比例和旋转角度。

插入块的命令调用方式:
- 菜单命令:"插入"→"块"。
- 命令行:INSERT。

启用"插入块"命令,弹出"插入"对话框,如图 6-3 所示。

图 6-3　"插入"对话框

对话框中各选项的含义如下:

◆ 名称:在该文本框中可输入或在下拉列表框中选择欲插入的块名。

◆ 浏览(B)... 按钮:该按钮用于浏览文件。单击该按钮,将打开"选择图形文件"对话框,可从中选择欲插入的外部块文件名。

◆ 插入点:用于设置图块的插入点位置。用户可以利用鼠标在绘图窗口中选择插入点的位置,也可以通过"X"、"Y"、"Z"数值框输入插入点的 X、Y、Z 坐标。

◆ 比例:将图块插入图形中时可任意改变其大小。
◇ 在屏幕上指定:指定在命令行输入 X、Y、Z 轴比例因子或由鼠标在图形中选择决定。
◇ X、Y、Z:此三项用于预先输入图块在 X、Y、Z 轴方向上的比例因子。这三个比例因子可相同,也可不相同。当选中"在屏幕上指定"复选框后,此三项呈灰色,不可用。默认值为 1。
◇ 统一比例:用于统一三个轴向上的缩放比例。

◆ 旋转：将图块插入图形中时可任意改变其角度，在"旋转"区域可确定图块的旋转角度。
  ◇ 在屏幕上指定：选择该复选框，表示在命令行输入旋转角度或由鼠标在图形中选决定。
  ◇ 角度：该文本框用于预先输入旋转角度值，默认值为 0。
◆ 块单位：将图块插入图形中时可改变其单位。
◆ 分解：选中该复选框，将图块插入图形中可分解为所组成对象。

## 任务三  定义图块属性

定义带有属性的图块时，需要将作为图块图形和标记图块属性的信息都定义为图块。
定义属性的命令调用方式：
● 菜单命令："绘图"→"块"→"定义属性"。
● 命令行：ATTDEF。
启用"定义属性"命令，弹出"属性定义"对话框，如图 6-4 所示。

图 6-4  "属性定义"对话框

对话框中各选项的含义如下：
◆ 模式：设置属性的 6 个方面的内容。
  ◇ 不可见：具有这种模式的属性，在图块被插入图中时，其属性是不可见的。
  ◇ 固定：具有相同的属性值，这是在定义属性时就设置好的，该属性没有提示，无法进行编辑。
  ◇ 验证：系统将提示两次输入属性值，以便插入图块之前可以改变属性值，这也有助于减少输入属性值时的错误。
  ◇ 预设:在插入属性时具有相同的属性值,但不同于"固定"模式的预置模式,可以被更改和编辑。
  ◇ 锁定位置:锁定块参照中属性的位置,解锁后,可以使用夹点编辑移动属性,还可以调整多行属性的大小。
  ◇ 多行:指定的属性值可以是多行文字,可以指定属性的边界宽度。
◆ 属性:基本的属性是由属性标记、提示以及属性值组成的。
  ◇ 标记:用于输入属性的标记以及对属性进行分类。
  ◇ 提示:用于输入在插入属性块时将提示的内容。
  ◇ 默认:用于设置属性的默认值。
  ◇ "插入字段" :单击该按钮,将弹出"字段"对话框,可以插入一个字段作为属性。
◆ 插入点:设定属性的插入点,或者直接在 X、Y、Z 坐标栏中输入插入点的坐标。
◆ 文字设置:控制属性文字的对齐方式、文字样式、文字的高度、旋转角度。
  ◇ 对正:用于输入文本的对齐方式。单击该文本框右边的下拉按钮,弹出一个下拉列表,该下拉列表中列出了所有的文本对齐方式,用户可任意选择一种。
  ◇ 文字样式:用于输入文本的字体。单击该文本框右边的下拉按钮,可弹出下拉列表框,用户可选择文字的字体格式。
  ◇ 文字高度:在屏幕指定文本的高度,或在文本框中输入高度值。
  ◇ 旋转:在屏幕上指定文本的旋转角度,也可在文本框中输入旋转角度值。
◆ 在上一个属性定义下对齐:选中该复选框,将该属性设置为与上一个属性的字体、字高和旋转角度相同,并且与上一个属性对齐。

## 任务四  修改图块属性

创建带有属性的图块之后,可以对其属性进行修改。
编辑属性的命令调用方式:
● 工具栏:"修改"→"对象"→"属性"→"单个"。
修改三角形参数值的方法如下:
① 打开"学生文件夹"中的"带有图块属性的三角形.dwg"文件。
② 选择"修改"→"对象"→"属性","单个"命令,选择三角形,如图 6-5 所示,弹出"增强属性编辑器"对话框,如图 6-6 所示。
③ "属性"选项卡显示了图块的属性,如标记、提示和参数值。
④ 完成参数设置后,单击"增强属性编辑器"对话框的 确定 按钮,完成参数修改。

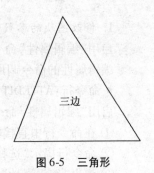

图 6-5  三角形

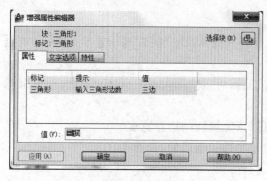

图6-6 "增强属性编辑器"对话框

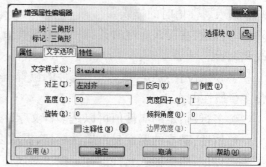

图6-7 "文字选项"选项卡

对话框中各选项的含义如下：

◆ "属性"选项卡：用于修改图块的属性，如标记、提示和参数值等。

◆ "文字选项"选项卡：单击"文字选项"选项卡，如图6-7所示，在对话框中可以修改属性文字的显示方式。

◆ "特性"选项卡：单击"特性"选项卡，如图6-8所示，在对话框中可以修改图形属性所在的图层以及线型、颜色和线宽等。

图6-8 "特性"选项卡

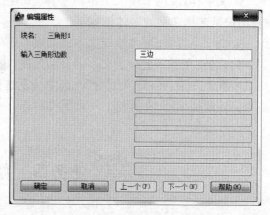

图6-9 "编辑属性"对话框

1. 修改图块的参数值

启用"编辑属性"命令，可以直接修改图块的参数值。

编辑属性的命令调用方式：

● 命令行：ATTEDIT。

启用"编辑属性"命令来修改参数的方法如下：

① 在命令行中直接输入"ATTEDIT"，按〈Enter〉键。

② 命令行提示"选择块参照:"，在绘图窗口中选择修改数值的三角形边数。

③ 弹出"编辑属性"对话框，如图6-9所示。

④ 单击 确定 按钮，完成参数更改。

## 2. 启用"块属性管理器"管理图块属性

当图形中存在多种图块时,可以启用"块属性管理器"命令来管理所有图块属性。

块属性管理器的命令调用方式:

- 菜单命令:"修改"→"对象"→"属性"→"块属性管理器"。
- 命令行:BATTMAN。

选择"修改"→"对象"→"属性"→"块属性管理器"命令,弹出"块属性管理器"对话框,如图 6-10 所示。

对话框中各选项的含义如下:

◆ "选择块"按钮 : 用于在绘图窗口中选择要进行编辑的图块。

◆ "块"下拉列表:用于在下拉列表中选择要编辑的图块。

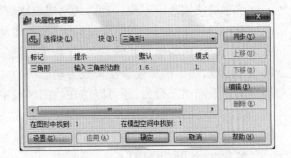

图 6-10 "块属性管理器"对话框

◆ 设置(S)... 按钮:单击该按钮,弹出"块属性设置"对话框,如图 6-11 所示。从中可以设置属性信息的显示方式。

◆ 同步(Y) 按钮:当修改图块的某一属性后,单击"同步"按钮,将更新所有已被选择的且具有当前属性的图块。

◆ "上移"按钮:在提示序列中,向上一行移动选择的属性标签。

◆ "下移"按钮:在提示序列中,向下一行移动选择的属性标签。选择固定属性时,"上移"或"下移"按钮为不可用状态。

◆ 编辑(E)... 按钮:单击该按钮,会弹出"编辑属性"对话框,在"属性"、"文字选项"和"特性"选项卡中可以对图块的各项属性进行修改,如图 6-12 所示。

◆ "删除"按钮:删除列表中所选的属性定义。

◆ "应用"按钮:将设置应用到图块中。

◆ "确定"按钮:保存并关闭对话框。

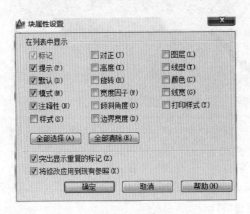

图 6-11 "块属性设置"对话框

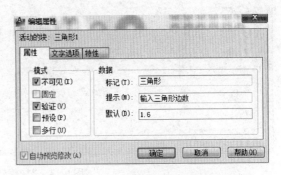

图 6-12 "编辑属性"对话框

## 任务五  创建动态块

动态块使用起来方便、灵活,其创建也比较简单。

AutoCAD 2014 中利用"块编辑器"来创建动态块。"块编辑器"是专门用于创建块定义并添加动态行为的编写区域。利用"块编辑器"命令可以创建动态块。块编辑器是一个专门的编写区域,用于添加能够使块成为动态块的元素。用户可以从头创建块,也可以向现有的块定义中添加动态行为,还可以像在绘图区域中一样创建几何图形。

块编辑器的命令调用方式:
- 菜单命令:"工具"→"块编辑器"。
- 命令行:BE(BEDIT)。

利用上述任意一种方法启用"块编辑器"命令,弹出"编辑块定义"对话框,如图 6-13 所示,在该对话框中对要创建或编辑的块进行定义。在"要创建或编辑的块"文本框中输入要创建的块,或者在下面的列表框中选择创建好的块进行编辑。然后单击"确定"按钮,系统在绘图区域弹出"块编辑器"界面,如图 6-14 所示。

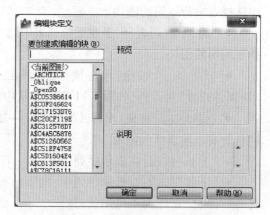

图 6-13  "编辑块定义"对话框

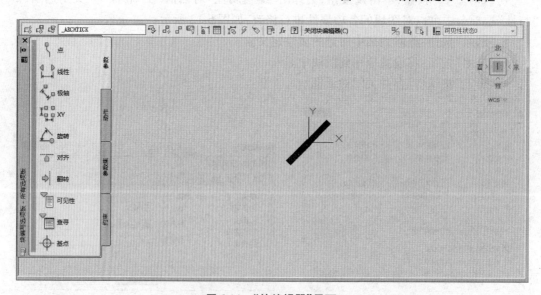

图 6-14  "块编辑器"界面

"块编辑器"包括"块编辑选项板"、"绘图区域"和"工具栏"三个部分。

"块编辑选项板"用来快速访问块编写工具。

"绘图区域"用来绘制块图形,用户可以根据需要在程序的主绘图区域中绘制和编辑几何图形。

## 任务六　创建外部参照

AutoCAD 将外部参照看作一种图块定义类型,但外部参照与图块有一些重要区别,如将图形对象作为图块插入时,它可以保存在图形中,但不会随原始图形的改变而更新。而将图形当作外部参照插入时,会将该参照图形链接到当前图形,这样以后打开外部参照并对参照图形做修改时,将会把所做的修改更新到当前图形中。

1. 引用外部参照

引用外部参照的命令调用方式:

- 工具栏:"修改"→"剪裁"→"外部参照"。
- 命令行:XATTACH。

选择"插入"→"选择参照文件"命令,弹出"选择参照文件"对话框,从中可以选择需要引进的外部参照图形文件,单击"打开"按钮,会弹出"附着外部参照"对话框,如图 6-15 所示。设置完成后,单击"确定"按钮,然后在绘图窗口中选择插入的位置即可。

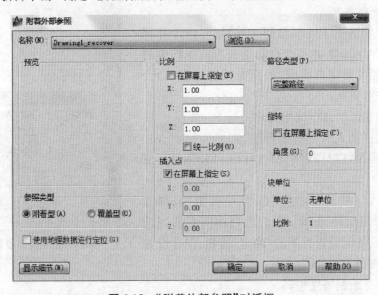

图 6-15　"附着外部参照"对话框

对话框中各选项的含义如下:

◆ 名称:用于从下拉列表中选择外部参照文件。

◆ "浏览"按钮:单击该按钮,会弹出"选择参照文件"对话框,从中可以选择相应的外部参照图形文件。

◆ 参照类型:用于指定外部参照的附着是附着型还是覆盖型。
　◇ 附着型:用于表示可以附着包含其他外部参照的外部参照。
　◇ 覆盖型:与附着的外部参照不同,当图形作为外部参照附着或覆盖到另一图形中时,不包括覆盖的外部参照。通过覆盖外部参照,则无需通过附着外部参照来修改图形,便可以查看图形与其他编组中的图形的相关方式。
◆ 路径类型:用于指定外部参照的保存路径是完整路径、相对路径还是无路径。
◆ 插入点:指定所选外部参照的插入点。可以直接输入 X、Y、Z 三个方向的坐标,或是选中"在屏幕上指定"复选框,在插入图形的时候指定外部参照的位置。
◆ 比例:指定所选外部参照的比例因子。可以直接输入 X、Y、Z 三个方向的坐标,或是选中"在屏幕上指定"复选框,在插入图形的时候指定外部参照的比例。
◆ 旋转:可以指定插入外部参照时图形的旋转角度。
◆ 块单位:用于显示插入图块的单位因素。
　◇ "单位"文本框:显示插入图块的图形单位。
　◇ "比例"文本框:显示插入图块的单位比例因子,它是根据块和图形单位计算出来的。

2. 更新外部参照

当在图形中引用了外部参照文件时,在修改外部参照后,AutoCAD 2014 并不会自动更新当前图样中的外部参照,而是需要用户启用"外部参照管理器"命令重新加载来进行更新。

更新外部参照的命令调用方式:
● 工具栏:"插入"→"外部参照"。
● 命令行:XATTACHEXTERNALREFERENCES 或 XREF。

选择"插入"→"外部参照"命令,会弹出"外部参照"对话框,如图 6-16 所示。设置图形中所有使用的外部参照,完成各项设置后单击"确定"按钮,保存设置并退出"外部参照"对话框。

图 6-16　"外部参照"对话框

**课后练习**　绘制餐厅包间。

**习题分析**　利用"插入块"命令、"移动"命令、"复制"命令、"镜像"命令、"阵列"命令来绘制餐厅包间,如图 6-17 所示。参见"学生文件夹"中的"餐厅包间.dwg"。

图 6-17 绘制餐厅包间

## 项目七

### 【学前提示】

在进行绘图工作时,经常会用到标注文字及表格,AutoCAD 提供了强大的文字标注和表格功能,其中图层模式、图层样式、填充和调整图层等命令都是在设计图像中被广泛应用的,可以让用户大大提高工作效率。通过本项目的学习,可以帮助用户掌握更多的应用技巧。

### 【本章要点】

- 文字样式的创建。
- 文字样式的编辑。
- 单行文字的使用。
- 多行文字的使用。
- 表格的创建。
- 表格的编辑。

### 【学习目标】

- 掌握文字样式的创建和编辑方法。
- 掌握单行和多行文字的使用方法。
- 掌握表格的创建方法。
- 掌握编辑表格的方法。

 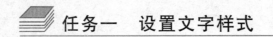

任务一　设置文字样式

在书写文字之前需要对文字的样式进行设置,以使其符合规范。

1. 创建文字样式

AutoCAD 中的文字拥有字体、高度、效果、倾斜角度、对齐方式和位置等属性,用户可以通过设置文字样式来控制文字的这些属性。

文字样式的命令调用方式：
- 菜单命令："格式"→"文字样式"。
- 命令行：STYLE。

例如，要启用"文字样式"命令，弹出"文字样式"对话框，从中可以创建或调用已有的文字样式。

创建一个名为"平面布置图"的文字样式，操作步骤如下：

① 选择"格式"→"文字样式"命令，弹出"文字样式"对话框，如图7-1所示。

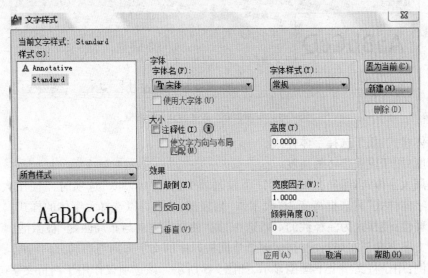

图7-1 "文字样式"对话框

② 单击 新建(N) 按钮，弹出"新建文字样式"对话框，在"样式名"文本框中输入"平面布置图"，如图7-2所示。

③ 单击 确定 按钮，返回"文字样式"对话框，新样式的名称会出现在"样式"列表框中。设置新样式的属性，如文字的字体、高度和效果等，完成后单击 应用(A) 按钮，将其设置为当前文字样式。

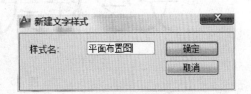

图7-2 "新建文字样式"对话框

图7-1对话框中各选项的含义如下：

◆ 字体名：用于选择字体，如图7-3所示。若用户书写的中文汉字显示为乱码或"?"符号，这是因为选择的字体不对，该字体无法显示中文汉字。取消选中"使用大字体"复选框，选择合适的字体；若不取消"使用大字体"复选框，则无法选用中文字体样式。设置好的"文字样式"对话框如图7-4所示，并选择 置为当前(U) 按钮，这样就可以用自己创建的文字样式了。

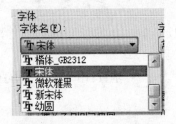

图7-3 "字体名"下拉列表

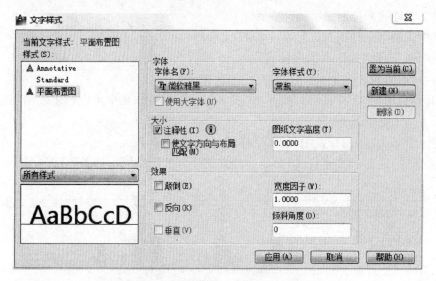

图 7-4 设置好的"文字样式"对话框

- ◆ 字体样式：用于选择字体样式。
- ◆ 高度：用于设置字体的高度。
- ◆ 使用大字体：当用户在"字体名"下拉列表中选择"txt.shx"选项时，"使用大字体"复选框，则"字体样式"列表框将变为"大字体"列表框，从中可以选择大字体的样式。
- ◆ 注释性：使样式为注释性的。若选中，则"使文字方向与布局匹配"被激活。
- ◆ 使文字方向与布局匹配：指定图纸空间视口中的文字方向与布局方向匹配。
- ◆ 颠倒：用于将文字上下颠倒显示，如图 7-5 所示。该选项仅作用于当行文字。

正常效果　　　　　　　　　颠倒效果

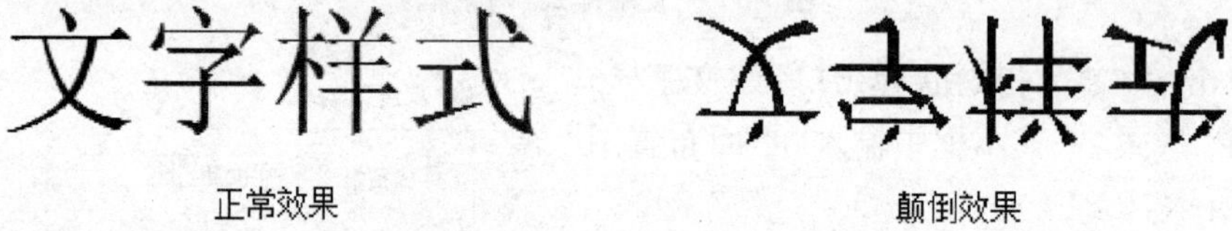

图 7-5　文字上下颠倒显示

- ◆ 反向：用于将文字左右反向显示，如图 7-6 所示。该选项仅作用于当行文字。

正常效果　　　　　　　　　反向效果

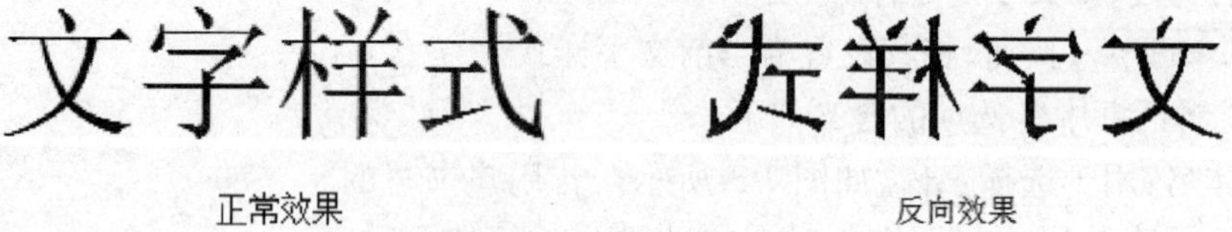

图 7-6　文字左右反向显示

- ◆ 垂直：用于将文字垂直排列显示，如图 7-7 所示。

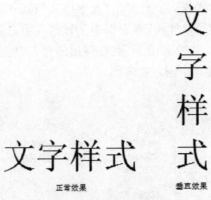

图 7-7 文字垂直排列显示

◆ 宽度因子：用于设置字符宽度，输入小于 1 的值将压缩文字，输入大于 1 的值将扩大文字，如图 7-8 所示。

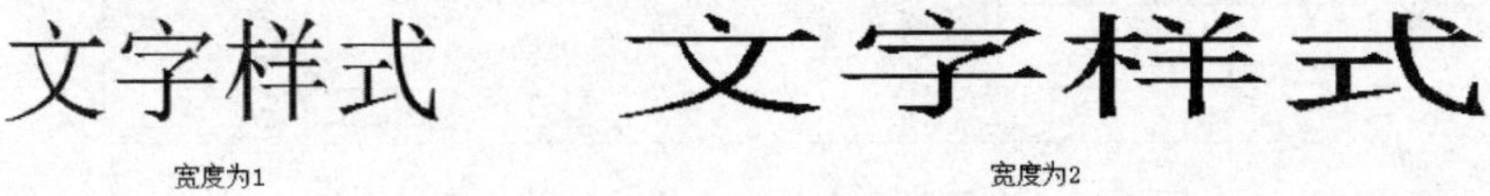

图 7-8 字符加宽

◆ 倾斜角度：用于设置文字的倾斜角度，可以输入一个 -85～85 之间的值，如图 7-9 所示。

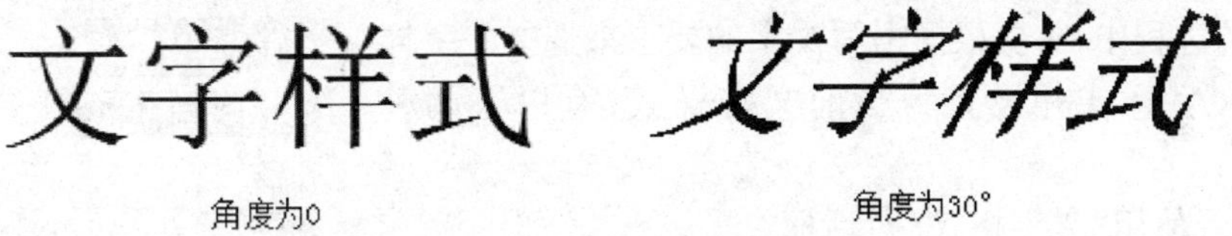

图 7-9 设置文字的倾斜角

◆ "预览"文本框：用于输入要预览的字符。
◆ "预览"按钮：单击该按钮，可以预览输入字符的样式。

2. 修改文字样式

在绘图过程中，用户可以随时修改文字样式。完成修改后，绘图窗口中的文字将自动使用更新后的样式。操体步骤如下：

① 单击"格式"→"文字样式"命令，弹出"文字样式"对话框。

② 在"文字样式"对话框的"样式"列表中选择需要修改的文字样式，然后修改文字的相关属性。

③ 完成修改后，单击 应用(A) 按钮，使其修改生效，此时在绘制窗口中的文字将自动改变，单击"关闭"按钮，完成修改文字样式的操作。

3. 重命名文字样式

操作步骤如下：

① 创建文字样式后，可以按照需要重命名文字样式的名称。

② 单击"格式"→"文字样式"命令,弹出"文字样式"对话框。

③ 在"文字样式"对话框的"样式"列表框中选择需要重命名的文字样式。在要重命名的文字样式处单击鼠标右键,如图 7-10 所示,在弹出的列表中选择"重命名"命令,则其处于修改状态,如图 7-11 所示,在其中输入新名称。

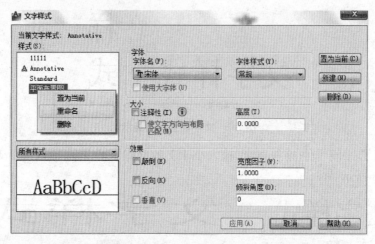

图 7-10　在要重命名的文字样式处单击鼠标右键

④ 单击 应用(A) 按钮,修改生效;单击"关闭"按钮,完成重命名文字样式的操作。

4. 选择文字样式

在绘图过程中,需要根据书写文字的要求来选择文字样式。选择文字样式并设置为当前文字样式,有以下两种方法。

方法一:使用"文字格式"对话框。

打开"文字样式"对话框,在"样式名"下拉列表中选择需要的文字样式,然后单击"确定"按钮,关闭对话框,完成文字样式的选择操作,如图 7-12 所示。

方法二:在"样式"工具栏中的"文字样式管理器"下拉列表中选择需要的文字样式。

图 7-11　修改状态

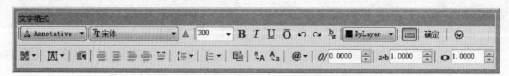

图 7-12　"文字样式"对话框

## 任务二 创建单行文字

单行文字是指 AutoCAD 会将输入的每行文字作为一个对象来处理,它主要用于一些不需要多行文字的简短输入。单行文字主要用来创建标题信息和标签,非常简单、快捷、方便。

单行文字的命令调用方式:

- 菜单命令:"绘图"→"文字"→"单行文字"。
- 命令行:TEXT(DTEXT)。

执行"单行文字"命令后,命令行出现提示:"指定文字的起点或[对正(J)/样式(S)]:"。
各提示选项的含义如下:

◆ 文字的起点:输入一个坐标点作为标注文字的起点,并默认为左对齐方式。指定起点后,命令行相继出现提示,各选项含义如下:

◇ 指定高度:给出标注文字的高度,括号内为当前文字高度。

◇ 指定文字的旋转角度:给出标注文字的旋转角度,括号内为当前旋转角度。

◇ 输入文字:输入标注文字内容。

◆ 对正:设置标注文字的对正方式。选择"对正"选项后,命令行出现提示:"[对齐(A)/调整(F)/中心(C)/中间(M)/右(R)/左上(TL)/中上(TC)/右上(TR)/左中(ML)/正中(MC)/右中(MR)/左下(BL)/中下(BC)右下/(BR)]:"。

◇ 对齐(A):选择该选项,可使生成的文字在指定的两点之间均匀分布。

◇ 调整(F):文字充满在指定的两点之间,并可控制其高度。

◇ 中心(C):文字以插入点为中心向两边排列。

◇ 中间(M):文字以插入点为中间向两边排列。

◇ 右(R):文字以插入点为基点向右对齐。

◇ 左上(TL):文字以插入点为字符串的左上角。

◇ 中上(TC):文字以插入点为字符串顶线的中心点。

◇ 右上(TR):文字以插入点为字符串的右上角。

◇ 左中(ML):文字以插入点为字符串的左中点。

◇ 正中(MC):文字以插入点为字符串的正中点。

◇ 右中(MR):文字以插入点为字符串的右中点。

◇ 左下(BL):文字以插入点为字符串的左下角。

◇ 中下(BC):文字以插入点为字符串的底线的中点。

◇ 右下(BR):文字以插入点为字符串的右下角。

在系统默认情况下,文字的对齐方式为左对齐。当选择其他对齐方式时,按〈Enter〉键可改变对齐方式。

◆ 样式:指定文字样式,选择"样式"选项后,命令行出现提示:"输入样式名或[?]<Standard>:",可在提示后输入定义的样式名,根据命令行提示依次操作。

## 任务三　创建多行文字

对于较长、较为复杂的文字内容,通常以多行文字方式输入,这样用户可以方便、快捷地指定文字对象分布的宽度,并可以在多行文字中单独设置其中某个字符或一部分文字的属性。

AutoCAD 提供了"多行文字"命令来输入多行文字。

多行文字的命令调用方式:
- 菜单命令:"绘图"→"文字"→"多行文字"。
- 命令行:MTEXT。

执行"多行文字"命令,在绘图区指定一个区域后,系统将显示"文字编辑器"标签和"文字输入"窗口,如图7-13所示。

图7-13　"文字编辑器"标签和"文字输入"窗口

各选项的含义如下:
- ◆ 样式:向多行文字对象应用文字样式。默认情况下,"标准"文字样式处于活动状态。
- ◆ 注释性:打开或关闭当前多行文字对象的"注释性"。
- ◆ 文字高度:按图形单位设置新文字的字符高度或修改选定文字的高度。如果当前文字样式没有固定高度,则文字高度将为系统变量 TEXTSIZE 中存储的值。多行文字对象可以包含不同高度的字符。
- ◆ B:将被选择的文字加粗。
- ◆ I:将被选择的文字设成斜体。
- ◆ U:将被选择的文字加下划线。
- ◆ O:将被选择的文字加上划线。
- ◆ 字体:为新输入的文字指定字体或改变选定文字的字体类型。
- ◆ 颜色:可以设置为输入文字指定颜色或修改选定文字的颜色。
- ◆ 大写、小写:改变文字中字符的大小写。
- ◆ 背景遮罩:显示"背景遮罩"对话框,可以设置是否使用背景遮罩、图形背景填充颜色等。
- ◆ 对正:显示"多行文字对正"菜单,并且有9个对齐选项可用。默认为"左上"。
- ◆ 项目符号和编号:显示"项目符号和编号"菜单。

◆ 行距：显示建议的行距选项或"段落"对话框。在当前段落或选定段落中设置行距。

◆ 段落：显示"段落"对话框。

◆ 左对齐、居中、右对齐、两端对齐和分散对齐：设置当前段落或选定段落的左、中或右文字边界的对正和对齐方式。包含在一行的末尾输入的空格，并且这些空格会影响行的对正。

◆ 分栏：显示"栏"弹出型菜单，该菜单提供三个栏选项："不分栏"、"静态栏"和"动态栏"。

◆ 符号：在光标位置插入符号或不间断空格。也可以手动插入符号。如果选择"其他…"命令，将弹出"字符映射表"对话框，可以插入其他特殊字符。

◆ 字段：显示"字段"对话框，从中可以选择要插入到文字中的字段。关闭该对话框后，字段的当前值将显示在文字中。

◆ 拼写检查：确定输入时拼写检查为打开还是关闭状态。默认情况下此选项为开。

◆ 编辑词典：显示"词典"对话框。

◆ 查找和替换：显示"查找和替换"对话框，搜索、替换指定的字符串等。

◆ 更多：包括"字符集"、"文字编辑器"等设置。

◆ 标尺：在编辑器顶部显示标尺。拖动标尺末尾的箭头可以更改多行文字对象的宽度。也可以从标尺中选择制表符。

◆ 放弃：即左箭头按钮，放弃在"多行文字"功能区上下文选项卡中执行的操作，包括对文字内容或文字格式的更改。也可以使用〈Ctrl〉+〈Z〉组合键。

◆ 重做：即右箭头按钮，重做在"多行文字"功能区上下文选项卡中执行的操作，包括对文字内容或文字格式所做的更改。也可以使用〈Ctrl〉+〈Y〉组合键。

◆ 关闭文字编辑器：结束 MTEXT 命令，关闭"多行文字"功能区上下文选项卡。

## 任务四　创建和编辑表格

利用 AutoCAD 2014 的表格功能，可以方便、快速地绘制图纸所需的表格，如明细表和标题栏等。在绘制表格之前，用户需要启用"表格样式"命令来设置表格的样式，使表格按照一定的标准进行创建。

1. 创建表格样式

表格样式的命令调用方式：

● 菜单命令："格式"→"表格样式"。

● 命令行：TABLESTYLE。

选择"格式"→"表格样式"命令，弹出"表格样式"对话框，如图 7-14 所示。

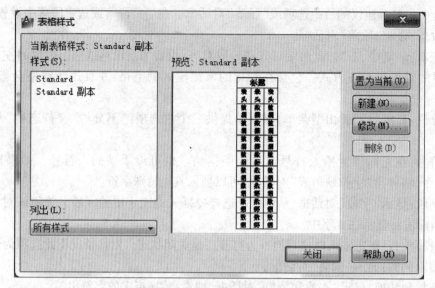

图 7-14 "表格样式"对话框

图 7-14 所示对话框中各选项的含义如下：
- "样式"列表框：用于显示所有的表格样式，默认的表格样式为"Standard"。
- "列出"下拉列表：用于控制表格样式在"样式"列表框中显示的条件。
- "预览"框：用于预览选择的表格样式。
- 置为当前(U) 按钮：将选择的样式设置为当前的表格样式。
- 新建(N)... 按钮：用于创建新的表格样式。
- 修改(M)... 按钮：用于编辑选择的表格样式。
- 删除(D) 按钮：用于删除选择的表格样式。

单击"表格样式"对话框的 新建(N)... 按钮，弹出"创建新的表格样式"对话框，如图 7-15 所示。在"新样式名"文本框中输入新的样式名称，单击 继续 按钮，弹出"新建表格样式"对话框，如图 7-16 所示。

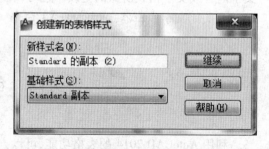

图 7-15 "创建新的表格样式"对话框

图 7-16 所示对话框中各选项的含义如下：
- "选择一个表格用作此表格样式的起始表格"按钮 ：单击该按钮，回到绘图界面，选择表格后，可以指定要从该表格复制到表格样式的结构和内容。
- "删除表格"按钮 ：用于将表格从当前指定的表格样式中删除。
- 表格方向：设置表格方向。"向下"将创建由上而下读取的表格。"向上"将创由下而上读取的表格。

项目七 书写文字与应用表格 113

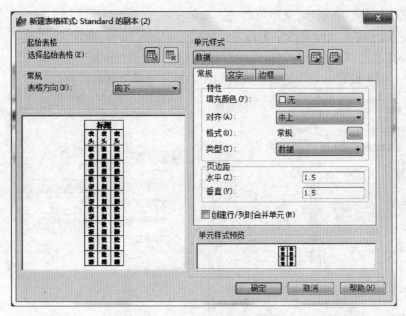

图7-16 "新建表格样式"对话框

◆ 单元样式:用于显示表格中的单元样式。单击"创建新单元样式"按钮 ,弹出"创建新单元样式"对话框,如图7-17所示,在"新样式名"文本框中输入要建立的新样式的名称;单击 继续 按钮,弹出"管理单元样式"对话框,可以对"单元样式"中的已有样式进行操作,也可以新建单元样式,如图7-18所示。

图7-17 "创建新单元样式"对话框

图7-18 "管理单元样式"对话框

◆ "常规"选项卡用于设置表格特性和页边距。
  ◇ 填充颜色:用于指定单元的背景色。默认值为"无"。
  ◇ 对齐:设置表格单元中文字的对正和对齐方式。文字相对于单元的顶部边框和底部边框进行居中对齐、上对齐或下对齐。相对于单元的左边框和右边框进行居中对正、左对正或右对正。
  ◇ 格式:为表格中的各行设置数据类型和格式。单击后面的 按钮,弹出"表格单元格式"对话框,如图 7-19 所示,从中可以进一步定义格式选项。
　　◇ 类型:用于将单元样式指定为标签或数据。
　◆ "页边距"选项组用于控制单元边界和单元内容之间的间距。
　　◇ 水平:用于设置单元中的文字或块与左右单元边界之间的距离。

图 7-19　"表格单元格式"对话框　　　　图 7-20　"文字"选项卡

　　◇ 垂直:用于设置单元中的文字或块与上下单元边界之间的距离。
　　◇ 创建行/列时合并单元:将使用当前单元样式创建的所有新行或新列合并为一个单元。可以使用此选项在表格的顶部创建标题行。
　◆ "文字"选项卡用于设置文字特性,如图 7-20 所示。
　　◇ 文字样式:用于设置表格内文字的样式。若表格内的文字显示为"?"符号,则需要设置文字的样式。单击"文字样式"列表框右侧的 按钮,弹出"文字样式"对话框,如图 7-21 所示。在"字体"选项组的"字体名"下拉列表中选择"仿宋_GB2312"选项,并依次单击

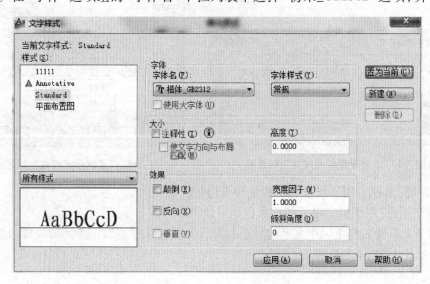

图 7-21　"文字样式"对话框

按钮,关闭对话框,这时预览框中可显示文字。
◇ 文字高度:用于设置表格中文字的高度。
◇ 文字颜色:用于设置表格中文字的颜色。
◇ 文字角度:用于设置表格中文字的角度。
◆ "边框"选项卡用于设置边框的特性,如图7-22所示。

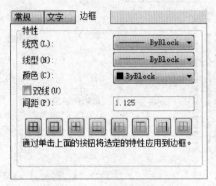

图7-22 "边框"选项卡

◇ 线宽:通过单击边界按钮,设置将要应用于指定边界的线宽。
◇ 线型:通过单击边界按钮,设置将要应用于指定边界的线型。
◇ 颜色:通过单击边界按钮,设置将要应用于指定边界的颜色。
◇ 双线:选中该复选框,则表格的边界将显示为双线,同时激活"间距"数值框。
◇ 间距:用于设置双线边界的间距。
◇ "所有边框"按钮：将边界特性设置应用于所有数据单元、列标题单元或标题单元的所有边界。
◇ "外边框"按钮：将边界特性设置应用于所有数据单元、列标题单元或标题单元的外部边界。
◇ "内边框"按钮：将边界特性设置应用于除标题单元外的所有数据单元或列标题单元的内部边界。
◇ "底部边框"按钮：将边界特性设置应用到指定单元样式的底部边界。
◇ "左边框"按钮：将边界特性设置应用到指定单元样式的左边界。
◇ "上边框"按钮：将边界特性设置应用到指定单元样式的上边界。
◇ "右边框"按钮：将边界特性设置应用到指定单元样式的右边界。
◇ "无边框"按钮：隐藏数据单元、列标题单元或标题单元的边界。
◆ 单元样式预览:用于显示当前设置的表格样式。

2. 修改表格样式

若需要对表格的样式进行修改,可以选择"格式"→"表格样式"命令,弹出"表格样式"对话框。在"样式"列表内选择表格样式,单击 按钮,弹出"修改表格样式"对话框,如图7-23所示,从中可以修改表格的各项属性。修改完成后,单击 按钮,完成表格样式的修改。

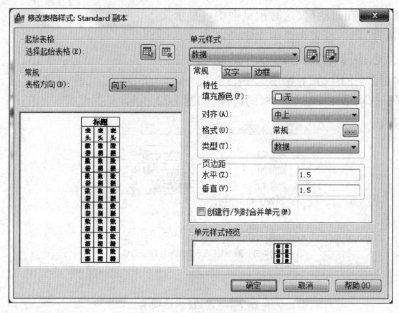

图 7-23 "修改表格样式"对话框

### 3. 创建表格

启用"表格"命令可以方便、快速地创建图纸所需的表格。

创建表格的命令调用方式：

- 菜单命令："绘图"→"表格"。
- 命令行：TABLE。

选择"绘图"→"表格"命令，弹出"插入表格"对话框，如图 7-24 所示。

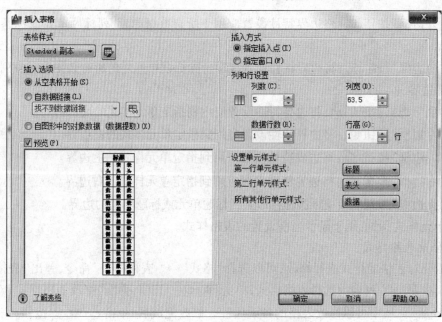

图 7-24 "插入表格"对话框

对话框中各选项的含义如下：

◆ 表格样式：用于选择要使用的表格样式。单击后面的按钮，弹出"表格样式"对话框，可以创建表格样式。

◆ 从空表格开始：用于创建可以手动填充数据的空表格。

◆ 自数据链接：用于从外部电子表格中的数据创建表格，单击后面的"启动'数据链接管理器'对话框"按钮，弹出"选择数据链接"对话框，如图 7-25 所示，在这里可以创建新的或是选择已有的表格数据。

◆ 自图形中的对象数据（数据提取）：用于从图形中提取对象数据，这些数据可输出到表格或外部文件中。选中该单选项后，单击 确定 按钮，启动"数据提取"向导，这里有

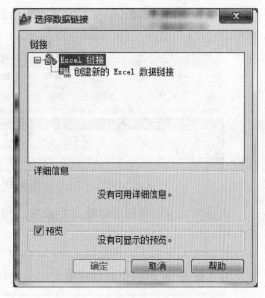

图 7-25 "选择数据链接"对话框

"创建新数据提取"和"编辑现有的数据提取"两种数据提取方式可供选择。

◆ 指定插入点：用于设置表格左上角的位置。如果表格样式将表的方向设置为由下而上读取，则插入点位于表的左下角。

◆ 指定窗口：用于设置表的大小和位置。选定此选项时，行数、列数、列宽和行高取决于窗口的大小以及列和行的设置。

◆ 列数：用于指定列数。

◆ 列宽：用于指定列的宽度。

◆ 数据行数：用于指定行数。

◆ 行高：用于指定行的高度。

◆ 第一行单元样式：指定表格中第一行的单元样式。包括"标题"、"表头"和"数据"三个选项，默认情况下，使用"标题"单元样式。

◆ 第二行单元样式：指定表格中第二行的单元样式。包括"标题"、"表头"和"数据"三个选项，默认情况下，使用"表头"单元样式。

◆ 所有其他行单元样式：指定表格中所有其他行的单元样式。包括"标题"、"表头"和"数据"三个选项，默认情况下，使用"数据"单元样式。

根据表格的需要设置相应的参数，单击 确定 按钮，关闭"插入表格"对话框，返回到绘图窗口，此时光标变为如图 7-26 所示形状。

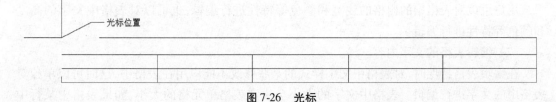

图 7-26 光标

在绘图窗口中单击,即可指定插入表格的位置,此时会弹出"文字格式"工具栏。在标题栏中,光标变为文字光标,如图7-27所示。

图 7-27　文字光标

表格单元中的数据可以是文字或块。创建完表格后,可以在其单元格内添加文字或者插入块。

若在输入文字之前直接单击"文字格式"工具栏中的 确定 按钮,则可以退出表格的文字输入状态,此时可以绘制没有文字的表格,如图7-28所示。

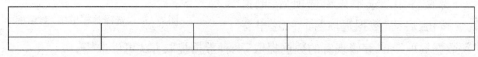

图 7-28　绘制没有文字的表格

如果绘制的表格是一个数表,用户可能需要对表中的某些数据进行求和、求平均值等计算。AutoCAD 2014 提供了方便快捷的操作方法,用户可以首先将要进行公式计算的单元格激活,弹出"表格"工具条,选择"插入公式"按钮 fx,弹出下拉菜单,选择"求和"即可,如图7-29所示。公式的使用方法跟普通表格一样。

图 7-29　下拉菜单

**4. 编辑表格**

通过调整表格的样式,可以对表格的特性进行编辑;通过文字编辑工具,可以对表格中的文字进行编辑;通过在表格中插入块,可以对块进行编辑;通过对夹点的编辑,可以调整表格中行与列的大小。

(1)编辑表格的特性。

用户可以对表格中的栅格的线宽和颜色等特性进行编辑,也可以对表格中文字的高度和颜色等特性进行编辑。

(2)编辑表格的文字内容。

在编辑表格特性时,对表格中文字样式的某些修改不能应用在表格中,这时可以单独对表格中的文字进行编辑。表格中文字的大小会决定表格单元格的大小,如果表格中某行中的一个单元格发生变化,它所在的行也会发生变化。

双击单元格中的文字,如双击表格内的文字"管道口径",弹出"文字格式"工具栏,此时可以对单元格中的文字进行编辑,如图7-30所示。

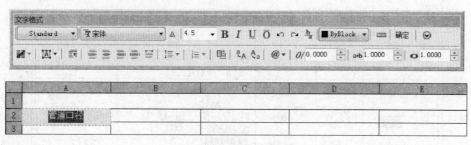

图7-30　编辑单元格文字

当光标显示为文字光标时,可以修改文字内容、字号、粗细等特性。

按〈Tab〉键切换到下一个单元格,此时可以对文字进行编辑。依次按〈Tab〉键,即可切换到相应的单元格,完成编辑后,单击 确定 按钮。

(3) 编辑表格中的行与列。

在利用"表格"工具创建表格时,行与列的间距都是均匀的,这就使得表格中行与列的间距适合文字的宽度和高度,可以通过调整夹点来实现。通过调整夹点可以使表格更加简洁明了。

当选择整个表格时,表格上会出现夹点,它们分别是表格的外边框的四个角点A、B、C、D以及列标题单元上的一行夹点,如图7-31所示。

图7-31　表格夹点

夹点A用于移动整个表格,夹点B用于调整表格的高度,夹点C用于调整表格的高度和宽度,夹点D用于调整表格的宽度。列标题上的夹点用于加宽或变窄一列。

编辑表格中某个单元格的大小可以调整单元格所在的行与列的大小。

在表格的单元格中单击,夹点的位置位于被选择的单元格边界的中间,如图7-32所示。选择夹点进行拉伸,即可改变单元格所在行与列的大小,如图7-33所示。

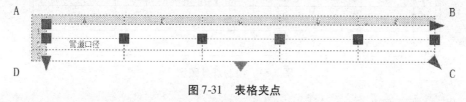

图7-32　在表格的单元格中单击

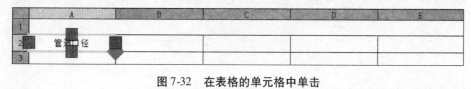

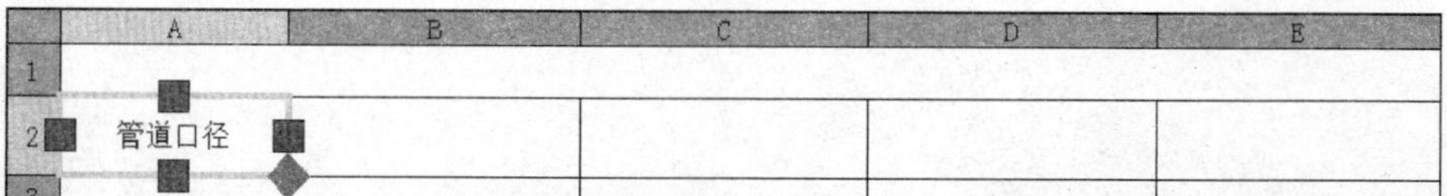

图7-33　改变单元格所在行与列的大小

**课后练习** 绘制灯具图例。

**习题分析** 利用"单行文字"命令和"表格"工具,创建表格并填写内容,如图 7-34 所示。参见"学生文件夹"中的"灯具图例.dwg"之件。

### 大堂、餐厅、会议室灯具图例

| 序号 | 图码 | 灯具编号 | 图例名称 | 品牌、型号、规格 | 使用位置说明 |
|---|---|---|---|---|---|
| 01 | ⊕ | LA-01 | LED射灯 | 欧普 LTH0100070Q2-可调-MW-3000K 7.5W 24°直下式LED射灯 | 大堂,餐厅,会议室,客房 |
| 02 | ⊕ | LA-02 | 筒灯 | 欧普 MTD0700612/06-单头-13w -4000K) | 公共区域天花,走道天花 |
| 03 | ▦ | LA-03 | 豆胆灯 | 欧普 LGS010072001-灵清-双头-3000K-MW-24(亚光白) | 公共区域,天井天花 |
| 04 | ▬ | LD-01 | 前台吊灯 | 订制 深灰色烤漆外罩,亚光亚克力发光片200*1200*55 | 前台天花 |
| 05 | ⊕ | LD-02 | 餐厅吊灯 | 订制 深灰色金属烤漆外罩,φ220*280 | 餐厅天花 |
| 06 | — | LQ-01 | T5灯管 | 欧普 MX1173-Y28Z明辉 28W | 客房灯带、大堂总台背景灯带、餐厅卡座顶面灯带 |
| 07 | ○— | LQ-02 | LED灯带 | 欧普 | 公共区域天花 |
| 08 | ▬ | | 日光灯 | 凯迪 钢铸牌 YGL-70 40W 白光 | |
| 09 | ▦ | | 600*600格栅灯 | | |
| 10 | ⊕ | LD-04 | 等候区落地灯 | φ570mm*1720,黑色木单 | 大堂等候区 |
| 11 | ⊕LB | | LED防雾筒灯 | 欧普 4寸9W,直下式LED筒灯,4000K | 公区卫生间 |
| 12 | ⊕ | LA-04 | 筒灯 | 欧普 MTD1352/WH-光彩/B-15W-6500K | 会议室 |
| 13 | ⊗ | | 烟感 | | |
| 14 | ⊕ | | 喷淋 | | |

图 7-34 绘制灯具图例

# 标注尺寸

【学前提示】

尺寸标注在设计中起到很重要的作用,再好的设计没有一个正确的尺寸都是一件失败的作品。本项目主要介绍了 AutoCAD 中的各种尺寸标注命令,以及如何对工程图进行尺寸标注。

【本章要点】

- 尺寸标注样式的设置。
- 基线尺寸的标注。
- 快速标注的使用。
- 引线注释的使用。

【学习目标】

- 掌握尺寸标注样式的方法。
- 掌握各种尺寸的标注方法。
- 掌握特殊标注的创建方法。
- 掌握快速标注的方法。

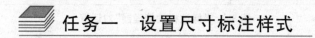

## 任务一 设置尺寸标注样式

尺寸标注样式用于控制尺寸标注的外观,如箭头的样式、文字的位置以及尺寸界线的长度等。通过设置尺寸标注样式,可以确保工程图中的尺寸标注符合行业或项目标准。

1. 尺寸标注的基本概念

尺寸标注是由文字、尺寸线、尺寸界线、箭头、中心线和圆心标记等元素组成的,如图 8-1 所示。

## 2. 创建尺寸标注样式

默认情况下,在 AutoCAD 中创建尺寸标注时使用的尺寸标注样式是"ISO-25"。用户可以根据需要创建一种新的尺寸标注样式,并将其设置为当前标注样式,这样在标注尺寸时即可使用新创建的尺寸标注样式。AutoCAD 提供了"标注样式"命令来创建尺寸标注样式。

标注样式的命令调用方式:
- 菜单命令:"格式"→"标注样式"。
- 命令行:DIMSTYLE。

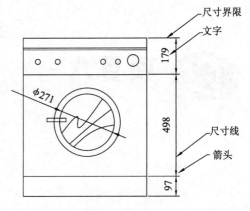

图 8-1　尺寸标注

启用"标注样式"命令,弹出"标注样式管理器"对话框,从中可以创建或调用已有的尺寸标注样式。在创建新的尺寸标注样式时,用户需要输入尺寸标注样式的名称,并进行相应的设置。

创建一个名称为"平面制图"的尺寸标注样式,操作步骤如下:

① 选择"格式"→"标注样式"命令,弹出"标注样式管理器"对话框,如图 8-2 所示。"样式"列表框将显示当前已存在的标注样式。

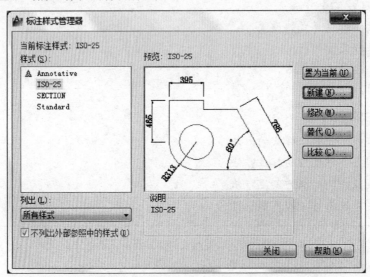

图 8-2　"标注样式管理器"对话框

② 单击 新建(N)... 按钮,弹出"创建新标注样式"对话框,在"新样式名"文本框中输入新的样式名称"平面制图",如图 8-3 所示。

③ 在"基础样式"下拉列表中选择新样式的基础样式,在"用于"下拉列表中选择新标注样式的应用范围。此处选择默认值,即"ISO-25"与"所有标注"。

④ 单击 继续 按钮,弹出"新建标注样

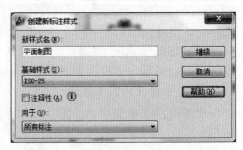

图 8-3　在文本框中输入新的样式名称

式"对话框,如图 8-4 所示。此时可以在对话框的 7 个选项卡中进行相应设置。

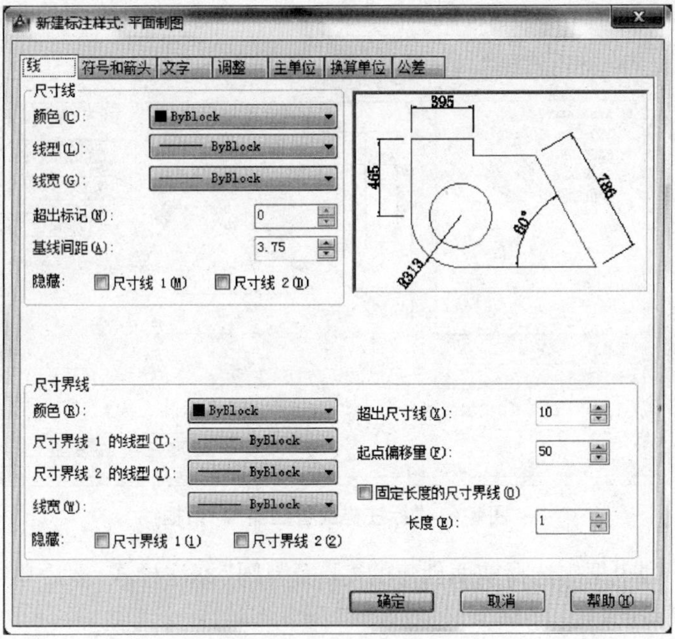

图 8-4 "线"选项卡

⑤ 单击"主单位"选项卡,如图 8-5 所示,在"小数分隔符"下拉列表中选择"句点"选项,将小数点的符号修改为句点。

图 8-5 "主单位"选项卡

⑥ 单击 确定 按钮,创建新的标注样式,其名称显示在"标注样式管理器"对话框的

"样式"列表框中,如图8-6所示。

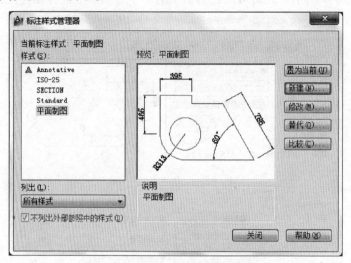

图8-6 "标注样式管理器"对话框

⑦ 在"样式"列表框内选择前面创建的"平面制图"标注样式,然后单击 置为当前(U) 按钮,将其设置为当前标注样式。

⑧ 单击 关闭 按钮,关闭"标注样式管理器"对话框。

### 3. 修改尺寸标注样式

在绘图过程中,用户可以随时修改尺寸标注样式,完成修改后,绘图窗口中的尺寸标注将自动使用更新后的样式,操作步骤如下:

① 单击"格式"→"标注样式"命令,弹出"标注样式管理器"对话框。

② 在"标注样式管理器"对话框的"样式"列表框中选择需要修改的尺寸标注样式,然后

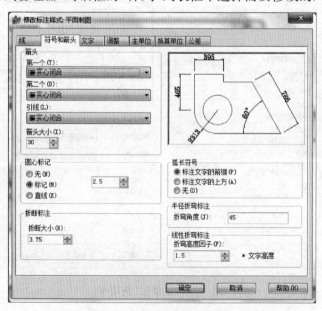

图8-7 "符号和箭头"选项卡

可以修改各项参数。

③ 完成修改后,单击 [确定] 按钮,返回"标注样式管理器"对话框。然后单击 [关闭] 按钮,完成修改尺寸标注样式的操作。

## 任务二 标注线型尺寸

AutoCAD 提供的"线性"命令用于标注线型尺寸,如标注水平、竖直或倾斜方向的线性尺寸。

线性命令的调用方式:
- 菜单命令:"标注"→"线性"。
- 命令行:DIMLINEAR。

选择"标注"→"线性"命令,进行线性标注,如图 8-8 所示。

### 1. 标注水平方向的尺寸

启用"线性"命令可以标注水平方向的线性尺寸,如图 8-9 所示。

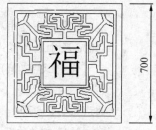

图 8-8 线性标注

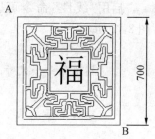

图 8-9 标注水平方向的尺寸

```
命令:_dimlinear            //在命令行输入"dli"
指定第一个尺寸界线原点或<选择对象>:
                           //选择"A"点
指定第二条尺寸界线原点:
                           //选择"B"点
指定尺寸线位置或
  [多行文字(M)/文字(T)/角度(A)/水平(H)/垂直(V)/旋转(R)]:h
                           //选择"水平"选项
标注文字 = 700
```

各提示选项的含义如下:

◆ 多行文字(M):用于输入多行文字。选择该选项,会弹出"文字格式"对话框和"文字输入"编辑框,如图 8-10 所示。"文字输入"编辑框中的数值为 AutoCAD 自动测量得到的数值,用户可以在该编辑框中输入其他数值来修改尺寸标注的文字。

图 8-10 "文字输入"编辑框

◆ 文字(T):用于设置尺寸标注中的文字。
◆ 角度(A):用于设置尺寸标注中文字的倾斜角度。

- 水平(H):用于创建水平方向的线性标注。
- 垂直(V):用于创建竖直方向的线性标注。
- 旋转(R):用于创建旋转一定角度的线性尺寸。

2. 标注竖直方向的尺寸

启用"线性"命令可以标注竖直方向的线性标注,如图8-11所示。

命令:_dli　　　　　　　//在命令行输入"dli"
指定第一个尺寸界线原点或<选择对象>:
　　　　　　　　　　　//选择A点
指定第二条尺寸界线原点:　//选择B点
指定尺寸线位置或
[多行文字(M)/文字(T)/角度(A)/水平(H)/垂直(V)/旋转(R)]:v
　　　　　　　　　　　//选择"垂直"选项

标注文字=704

图8-11　标注竖直方向的尺寸

3. 标注倾斜方向的尺寸

启用"线性"命令可以标注倾斜方向的线性尺寸,如图8-12所示。

命令:_dli　　　　　　　//在命令行输入"dli"
指定第一个尺寸界线原点或<选择对象>:
　　　　　　　　　　　//选择"A"点
指定第二条尺寸界线原点:
　　　　　　　　　　　//选择"B"点
指定尺寸线位置或
[多行文字(M)/文字(T)/角度(A)/水平(H)/垂直(V)/旋转(R)]:r
　　　　　　　　　　　//选择"旋转"选项
指定尺寸线的角度<0>:指定第二点:
指定尺寸线位置或
[多行文字(M)/文字(T)/角度(A)/水平(H)/垂直(V)/旋转(R)]:
　　　　　　　　　　　//选择尺寸线的位置

标注文字=993

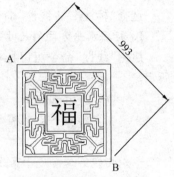

图8-12　标注倾斜方向的尺寸

## 任务三　标注对齐尺寸

启用"对齐"命令可以标注倾斜线段的长度,并且对齐尺寸的尺寸线平行于标注的图形对象。

对齐命令的调用方式:

- 菜单命令:"标注"→"对齐"。
- 命令行:DIMALIGNED。

标注电视机的尺寸,如图 8-13 所示。

命令:_dimaligned　　　　//单击"标注"→"对齐"
指定第一个尺寸界线原点或<选择对象>:
　　　　　　　　　　　　　//选择"A"点
指定第二条尺寸界线原点:　//选择"B"点
指定尺寸线位置或
[多行文字(M)/文字(T)/角度(A)]:
　　　　　　　　　　　　　//选择尺寸线的位置
标注文字 =388

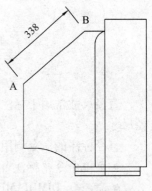

图 8-13　标注电视机的尺寸

## 任务四　标注半径尺寸

半径尺寸常用于标注圆弧和圆角。在标注过程中,AutoCAD 将自动在标注文字前添加半径符号"R"。AutoCAD 提供了"半径"命令来标注半径尺寸。

半径标注的命令调用方式:
- 菜单命令:"标注"→"半径"。
- 命令行:DIMRADIUS。

标注洗手台的半径尺寸,如图 8-14 所示。

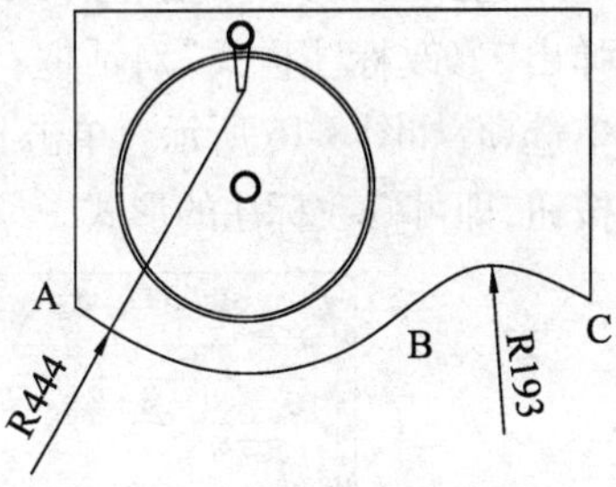

命令:_dimradius　　　　//单击"标注"→"对齐"
选择圆弧或圆:　　　　　//选择圆弧 BC
标注文字 =193
指定尺寸线位置或 [多行文字(M)/文字(T)/角度(A)]:
　　　　　　　　　　　　　//在圆弧内侧单击确定尺寸线的位置

命令:　_dimradius　　　//单击"标注"→"对齐"
选择圆弧或圆:　　　　　//选择圆弧 AB
标注文字 =444
指定尺寸线位置或 [多行文字(M)/文字(T)/角度(A)]:
　　　　　　　　　　　　　//在圆弧内侧单击确定尺寸线的位置

图 8-14　标注洗手台的半径尺寸

## 任务五　标注直径尺寸

直径尺寸常用于标注圆的大小。在标注过程中，AutoCAD 提供了"直径"命令来标注直径尺寸。

直径标注的命令调用方式：
- 菜单命令："标注"→"直径"。
- 命令行：DIMDIAMETER。

标注洗手盆的直径尺寸，如图 8-15 所示。

命令：_dimdiameter　　　　//单击"标注"→"直径"
选择圆弧或圆：　　　　　　//选择圆 A
标注文字 =420
指定尺寸线位置或[多行文字(M)/文字(T)/角度(A)]：　　//选择尺寸线的位置

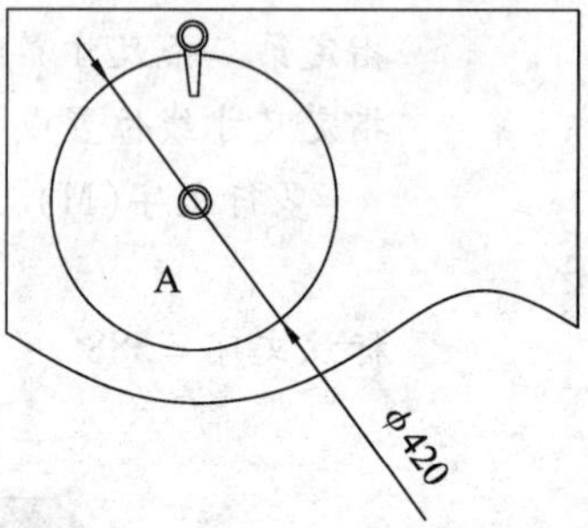

图 8-15　标注洗手盆的直径尺寸

选择"格式"→"标注样式"命令，弹出"标注样式管理器"对话框。单击 修改(M)... 按钮，弹出"修改标注样式"对话框；单击"文字"选项卡，选择"文字对齐"选项组中的"ISO 标准"单选项，如图 8-16 所示。单击 确定 按钮，返回"标注样式管理器"对话框。单击 关闭 按钮，即可修改标注的形式。

图 8-16　"文字"选项卡

## 任务六  标注角度尺寸

角度尺寸标注用于标注两条直线之间的夹角、三点之间的角度以及圆弧的角度。AutoCAD 提供了"角度"命令来创建角度尺寸标注。

角度的命令调用方式：
- 菜单命令："标注"→"角度"。
- 命令行：DIMANGULAR。

1. 标注两条直线之间的夹角

启用"角度"命令后，依次选择两条直线，然后旋转尺寸线的位置，即可标注两条直线之间的夹角。AutoCAD 将根据尺寸线的位置来确定其夹角是锐角还是钝角，如图 8-17 所示。

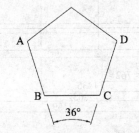　　　　　　　　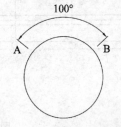

图 8-17　标注两条直线之间的夹角　　　图 8-18　标注圆弧的包含角度

命令：_dimangular　　　　　　　　　　　　　　//单击"标注"→"角度"
选择圆弧、圆、直线或 <指定顶点>：　　　　　　//选择线段 AB
选择第二条直线：　　　　　　　　　　　　　　　//选择线段 CD
指定标注弧线位置或 [多行文字(M)/文字(T)/角度(A)/象限点(Q)]：
标注文字 =36

2. 标注圆弧的包含角度

启用"角度"命令，然后选择圆弧，即可标注该圆弧的包含角度，如图 8-18 所示。

命令：_dimangular　　　　　　　　　　　　　　//单击"标注→角度"
选择圆弧、圆、直线或 <指定顶点>：　　　　　　//选择圆弧 AB
指定标注弧线位置或 [多行文字(M)/文字(T)/角度(A)/象限点(Q)]：
　　　　　　　　　　　　　　　　　　　　　　　//选择尺寸线的位置
标注文字 =100

## 任务七  标注基线尺寸

启用"基线"命令可以为多个图形对象标注基线尺寸。基线尺寸标注是标注有起始点相同的尺寸,其特点是尺寸拥有相同的基准线。在进行基线尺寸标注之前,工程图中必须已存在一个以上的尺寸标注,否则将无法进行操作。

基线的命令调用方式:
- 菜单命令:"标注"→"基线"。
- 命令行:DIMBASELINE。

标注沙发的长度,如图 8-19 所示。

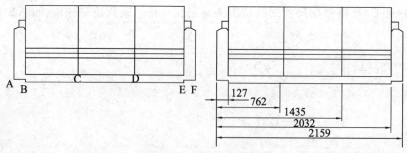

图 8-19  标注沙发的长度

| | |
|---|---|
| 命令:_dli | //选择"标注→线性" |
| 指定第一个尺寸界线原点或 <选择对象>: | //选择交点 A |
| 指定第二条尺寸界线原点: | //选择交点 B |
| 指定尺寸线位置或 | //选择尺寸线的位置 |
| [多行文字(M)/文字(T)/角度(A)/水平(H)/垂直(V)/旋转(R)]: | |
| 标注文字 =127 | |
| 命令:_dimbaseline | //选择"标注"→"基线" |
| 指定第二条尺寸界线原点或 [放弃(U)/选择(S)] <选择>: | //选择交点 C |
| 标注文字 =762 | |
| 指定第二条尺寸界线原点或 [放弃(U)/选择(S)] <选择>: | //选择交点 D |
| 标注文字 =1435 | |
| 指定第二条尺寸界线原点或 [放弃(U)/选择(S)] <选择>: | //选择交点 E |
| 标注文字 =2032 | |
| 指定第二条尺寸界线原点或 [放弃(U)/选择(S)] <选择>: | //选择交点 F |

标注文字 =2159
指定第二条尺寸界线原点或 [放弃(U)/选择(S)] <选择>：
//按〈Enter〉键完成

各提示选项的含义如下：
- ◆ 指定第二条尺寸界限原点：用于选择基线标注的第二条尺寸界限。
- ◆ 放弃(U)：用于放弃命令操作。
- ◆ 选择(S)：用于选择基线标注的第一条尺寸界限。

## 任务八  标注连续尺寸

启用"连续"命令可以连续标注，连续标注在设计中经常被用到，可大大提高办公的速度。连续标注的特点是首尾相连，最后创建的尺寸标注结束点处的尺寸界线作为下一个标注起始点的尺寸界线。

连续标注的命令调用方式：
- 菜单命令"标注"→"连续"。
- 命令行：DIMCONTINUE。

标注沙发的长度，如图 8-20 所示。

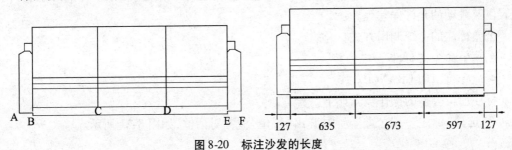

图 8-20  标注沙发的长度

命令：_dli                                        //选择"标注"→"线性"
指定第一个尺寸界线原点或 <选择对象>：              //选择交点 A
指定第二条尺寸界线原点：                          //选择交点 B
指定尺寸线位置或                                  //选择尺寸线位置
    [多行文字(M)/文字(T)/角度(A)/水平(H)/垂直(V)/旋转(R)]：
标注文字 =127
命令：_dimcontinue                                //选择"标注→连续"
指定第二条尺寸界线原点或 [放弃(U)/选择(S)] <选择>：
//选择交点 C
标注文字 =635
指定第二条尺寸界线原点或 [放弃(U)/选择(S)] <选择>：
//选择交点 D

标注文字 = 673

指定第二条尺寸界线原点或 [放弃(U)/选择(S)] <选择>：

//选择交点 E

标注文字 = 597

指定第二条尺寸界线原点或 [放弃(U)/选择(S)] <选择>：

//选择交点 F

标注文字 = 127

指定第二条尺寸界线原点或 [放弃(U)/选择(S)] <选择>：

//按〈Enter〉键

各提示选项的含义如下：
- 指定第二条尺寸界限原点：用于选择连续标注的第二条尺寸界限。
- 放弃(U)：用于放弃命令操作。
- 选择(S)：用于选择连续标注的第一条尺寸界限。

## 任务九  标注形位公差

在 AutoCAD 中，启用"公差"命令可以创建零件的各种形位公差，如零件的形状、方向、位置以及跳动的允许偏差等。

公差标注的命令调用方式：
- 菜单命令："标注"→"公差"。
- 命令行：TOLERANCE。

标注形位公差的操作步骤如下：

① 选择"标注"→"公差"选项，弹出"形位公差"对话框，如图 8-21 所示。

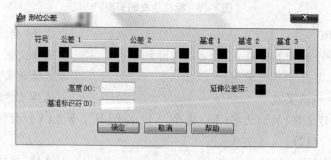

图 8-21 "形位公差"对话框

对话框中各选项的含义如下：
- 符号：用于设置形位公差的几何特征符号。
- 公差 1：用于在特征控制框中创建第一个公差值。该公差值指明了几何特征相对于精确形状的允许偏差量。另外，用户可在公差值前插入直径符号，在其后插入包容条件符号。

◆ 公差2:用于在特征控制框中创建第二个公差值。

◆ 基准1:用于在特征控制框中创建第一级基准参照。基准参照由值和修饰符号组成。基准是理论上精确的几何参照,用于建立特征的公差带。

◆ 基准2:用于在特征控制框中创建第二级基准参照。

◆ 基准3:用于在特征控制框中创建第三级基准参照。

◆ 高度:在特征控制框中创建投影公差带的值。投影公差带控制固定垂直部分延伸区的高度变化,并以位置公差控制公差精度。

◆ 延伸公差带:在延伸公差带值的后面插入延伸公差带符号ⓟ。

◆ 基准标识符:创建由参照字母组成的基准标识符号,基准是理论上精确的几何参照,用于建立其他特征的位置和公差带。点、直线、平面、圆柱或者其他几何图形都能作为基准。

② 单击"符号"选项组中的黑色图标,弹出"特征符号"对话框,如图8-22所示。符号的表示意义如表8-1所示。

图 8-22 "特征符号"对话框

表 8-1 特征符号的表示意义

| 符号 | 意义 | 符号 | 意义 | 符号 | 意义 |
|---|---|---|---|---|---|
| ⊕ | 位置度 | ∠ | 倾斜度 | ⌒ | 面轮廓度 |
| ◎ | 同轴度 | ⌀ | 圆柱度 | ⌢ | 线轮廓度 |
| = | 对称度 | ▱ | 平面度 | ↗ | 圆跳度 |
| ∥ | 平行度 | ○ | 圆度 | ↗↗ | 全跳度 |
| ⊥ | 垂直度 | — | 直线度 | | |

③ 单击"特征符号"对话框中的对称度符号图标 =,AutoCAD会自动将该符号图标显示于"形位公差"对话框的"符号"选项组中。

④ 单击"公差1"选项组左侧的黑色图标,可以调整直径符号,再次单击新调整的直径符号图标,则可以将其取消。

⑤ 在"公差1"选项组的数值框中可以输入公差1的数值。若单击其右侧的黑色图标,会弹出"附加符号"对话框,如图8-23所示。符号的表示意义如表8-2所示。

图 8-23 "附加符号"对话框

表 8-2 附加符号的表示意义

| 符号 | 意义 |
|---|---|
| Ⓜ | 材料的一般中等状况 |
| Ⓛ | 材料的最大状况 |
| Ⓢ | 材料的最小状况 |

## 任务十 创建圆心标注

AutoCAD 提供的"圆心标记"命令用于创建圆心标注,即标注圆或圆弧的圆心符号。

圆心标注的命令调用方式:
- 菜单命令:"标注"→"圆心标记"。
- 命令行:DIMCENTER。

标注圆心位置,如图 8-24 所示。

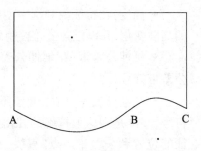

命令:_dimcenter　　//选择"标注"→"圆心标记"
选择圆弧或圆:　　//选择圆弧 AB
命令:　_dimcenter //选择"标注"→"圆心标记"
选择圆弧或圆:　　//选择圆弧 BC

图 8-24　标注圆心位置

## 任务十一　快速标注

为了提高标注尺寸的速度,AutoCAD 提供了"快速标注"命令,用户可以快速创建或编辑基线标注、连续标注,还可以快速标注圆或圆弧等。

快速标注的命令调用方式:
- 菜单命令:"标注"→"快速标注"。
- 命令行:QDIM。

使用"快速标注"命令可以一次标注多个对象,如图 8-25 所示。

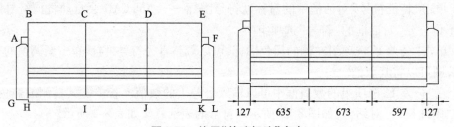

图 8-25　使用"快速标注"命令

命令:_qdim　　　　　　　　　　　　　　//选择"标注"→"快速标注"
关联标注优先级 = 端点
选择要标注的几何图形:找到 1 个　　　　//选择线段 AG
选择要标注的几何图形:找到 1 个,总计 2 个　　//选择线段 BH
选择要标注的几何图形:找到 1 个,总计 3 个　　//选择线段 CI

选择要标注的几何图形：找到 1 个，总计 4 个　　　//选择线段 DJ
选择要标注的几何图形：找到 1 个，总计 5 个　　　//选择线段 EK
选择要标注的几何图形：找到 1 个，总计 6 个　　　//选择线段 FL
选择要标注的几何图形：　　　　　　　　　　　　　//按〈Enter〉键
指定尺寸线位置或［连续(C)/并列(S)/基线(B)/坐标(O)/半径(R)/直径(D)/基准点(P)/编辑(E)/设置(T)］<连续>：
　　　　　　　　　　　　　　　　　　　　　　　//选择尺寸线的位置

各提示选项的含义如下：

◆ 连续(C)：用于创建连续标注。
◆ 并列(S)：用于创建一系列并列标注。
◆ 基线(B)：用于创建一系列基线标注。
◆ 坐标(O)：用于创建一系列坐标标注。
◆ 半径(R)：用于创建一系列半径标注。
◆ 直径(D)：用于创建一系列直径标注。
◆ 基准点(P)：为基线和坐标标注设置新的基准点。
◆ 编辑(E)：用于显示所有的标注节点，可以在现有标注中添加或删除点。
◆ 设置(T)：为指定尺寸界限原点设置默认对象。

**课后练习**　标注花钵。

**习题分析**　利用"线性"标注、"半径"标注、"基线"标注、"连续"标注为花钵标注尺寸，图形效果 8-26 所示。参见"学生文件夹"中的"花钵.dwg"文件。

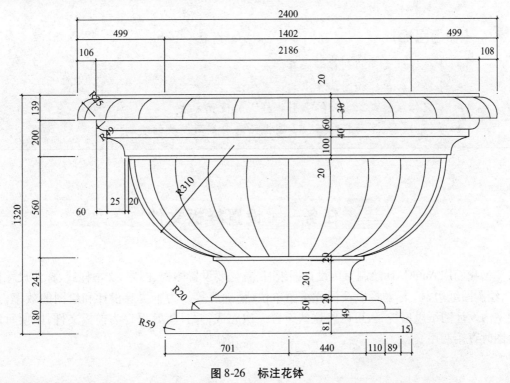

图 8-26　标注花钵

# 项目九

【学前提示】

  一套完整的室内设计图纸包含多张图纸,而这些图纸都有统一的图层、标注样式、文字样式和引线等项目,我们可以把这些统一的项目设置好,保存为图形样板格式,在日后的工作中可以直接在图形样板中调用,从而加快 AutoCAD 的绘图速度,提高工作效率。

【本章要点】

- 设置样板文件。
- 设置基本样式。
- 绘制基本常用图块。

【学习目标】

- 掌握样板文件的创建和保存方法。
- 掌握图形单位和图形界限的设置方法。
- 掌握标注样式、文字样式、引线样式的设置方法。
- 掌握门、窗、立面指向符、A3 图框等基本常用图块的绘制方法。

 任务一  设置样板文件

  当我们用 AutoCAD 绘制室内设计图纸时,首先要设置图幅、图层、文本样式、标注尺寸样式,绘制图纸边框、标题栏以及设置绘图单位、精确度等。为了提高设计和绘图的效率,且使室内设计图纸风格统一,可以将这些设置一次完成,并且将其保存为样板文件,以便每次绘图时直接调用。

【实战演练1】 创建样板文件

其操作步骤如下：

① 启动 AutoCAD 2014，系统将自动创建一个名为 Drawing1.dwg 的图形文件，单击软件左上角的"应用程序"按钮，在弹出的"应用程序"菜单中选择"另存为"→"图形样板"命令，如图 9-1 所示。

图 9-1 "应用程序"菜单

② 在弹出的"图形另存为"对话框（图 9-2）中设置保存路径为桌面，文件名为"室内设计图形样板文件.dwt"。

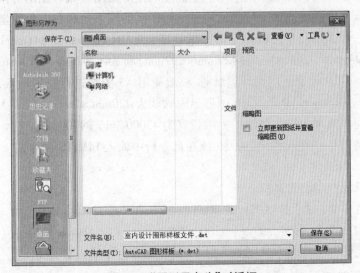

图 9-2 "图形另存为"对话框

③ 单击"保存"按钮,弹出"样板选项"对话框,如图 9-3 所示,单击"确定"按钮,即可创建样板文件。

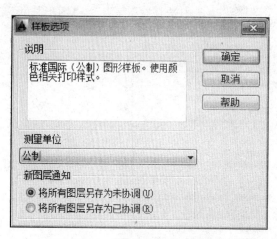

图 9-3 "样板选项"对话框

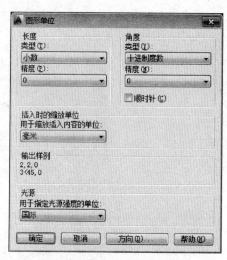

图 9-4 "图形单位"对话框

【实战演练 2】 设置图形单位

在绘制室内设计图纸时,通常以"毫米"作为基本单位,并且采用 1:1 的比例绘图,在打印时再设置打印输出比例。

其操作步骤如下:

① 双击打开"室内设计图形样板文件.dwt"文件,选择"格式"→"单位"命令(或在命令行中输入 UN 命令),弹出"图形单位"对话框。

② 在"长度"选项组的"精度"下拉列表中选择"0"选项,其他设置不变,如图 9-4 所示。

【实战演练 3】 设置图形界限

通过图形界限可以设置绘图空间中一个假想的矩形绘图区域。图形界限相当于用户选择的图纸图幅大小。通常图形界限是通过屏幕绘图区的左下角和右上角的坐标来规定的。

工程图纸一般采用几种比较固定的图纸规格,如 A0(1189mm×841mm)、A1(841mm×594mm)、A2(594mm×420mm)、A3(420mm×297mm)和 A4(297mm×210mm)等。

在使用 AutoCAD 绘制室内设计图纸时,一般使用 A3 图纸进行打印输入,打印输出比例通常为 1:100。在 AutoCAD 软件中,图形界限默认为 420mm×297mm(A3 大小),所以我们绘图时通常会将其放大 10 倍,将绘图界限设置为 42000mm×29700mm。

① 选择"格式"→"图形界限"命令(或在命令行中输入 LIMITS 命令)。

命令:_limits

重新设置模型空间界限:

指定左下角点或[开(ON)/关(OFF)] <0,0>:　　　　//按〈Enter〉键

指定右上角点 <420,297>: 42000,29700　　　　　　//输入数值,按〈Enter〉键

② 选择"视图"→"缩放"→"全部"命令(或在命令行中输入 Z 命令)。

命令:_zoom

指定窗口的角点,输入比例因子(nX 或 nXP),或者[全部(A)/中心(C)/动态
(D)/范围(E)/上一个(P)/比例(S)/窗口(W)/对象(O)] <实时>:a
//输入"a",按〈Enter〉键

正在重生成模型。

【实战演练4】 创建并设置图层

① 单击"图层特性管理器"面板,单击"新建图层"按钮,新建图层,并命名为"墙体"。

② 采用相同的方法,创建其他图层,并进行相应设置,如图9-5所示(注意:设置"轴线"层的线型时需要加载中心线 CENTER)。

图 9-5 "图层特性管理器"面板

③ 选择"格式"→"线型"命令,在弹出的"线型管理器"对话框中单击"显示细节"按钮,设置全局比例因子为"20",单击"确定"按钮,如图9-6所示,否则"轴线"图层中设置的"CENTER"线型无法显示细节,最后保存样板文件。

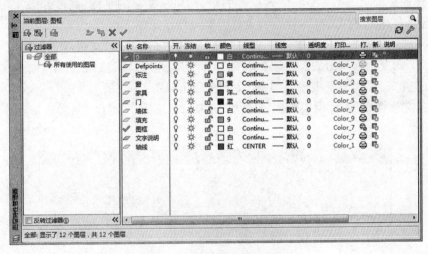

图 9-6 "线型管理器"对话框

## 任务二 创建基本样式

在"室内设计图形样板文件.dwt"文件中,我们还需要对文字样式、尺寸标注、引线样式和打印样式进行适当的设置。

**【实战演练1】 创建文字样式**

文字样式是对同一类文字的格式设置的集合,包括文字的字体、高度和效果等,在标注文字前,需要先对文字样式进行相应的设置。其操作步骤如下:

① 双击打开"室内设计图形样板文件.dwt",选择"格式"→"文字样式"命令(或在命令行中输入 ST 命令),在弹出的"文字样式"对话框中单击"新建"按钮,弹出"新建文字样式"对话框,在"样式名"文本框中输入"说明文字",单击"确定"按钮。

② 在"文字样式"对话框中设置字体为"仿宋",宽度因子为"0.7",单击"应用"按钮,如图 9-7 所示。

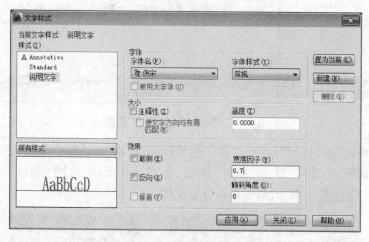

图 9-7 "文字样式"对话框

③ 用同样的方法,创建"标注文字"文字样式,设置字体样式为"romans.shx"。

**【实战演练2】 创建室内设计标注样式**

其操作步骤如下:

① 选择"格式"→"标注样式"命令(或在命令行中输入 D 命令),在弹出的"标注样式管理器"对话框中单击"新建"按钮,弹出"创建新标注样式"对话框,在"新样式名"文本框中输入"室内设计标注",如图 9-8 所示,单击"继续"按钮。

② 在"线"选项卡中设置"基线间距"、"超

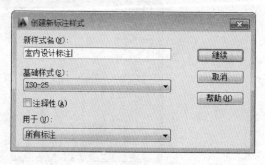

图 9-8 "创建新标注样式"对话框

出尺寸线"、"起点偏移量"分别为"8"、"1"和"1",如图9-9所示。

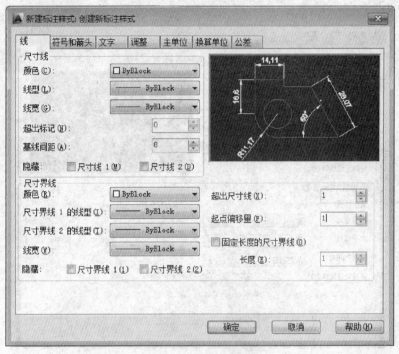

图9-9 "线"选项卡

③ 在"符号和箭头"选项卡中设置"箭头"为"建筑标记",如图9-10所示。

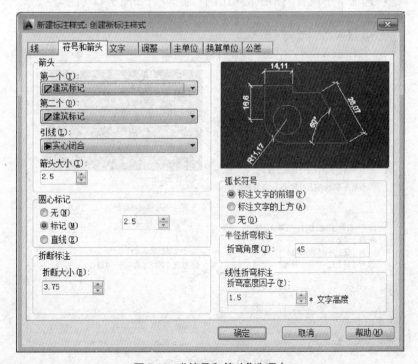

图9-10 "符号和箭头"选项卡

④ 在"文字"选项卡中分别设置"文字样式"为"标注文字","从尺寸线偏移"为"0.8",如图 9-11 所示。

图 9-11 "文字"选项卡

⑤ 在"调整"选项卡中设置"使用全局比例"为"50",如图 9-12 所示。

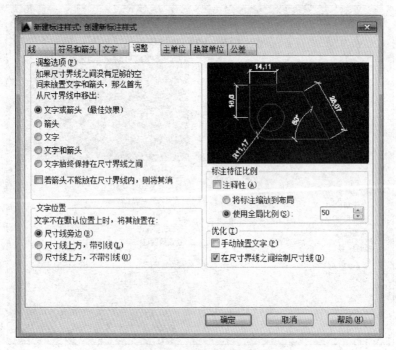

图 9-12 "调整"选项卡

⑥ 在"主单位"选项卡中设置"小数分隔符"为"句点",如图9-13所示。

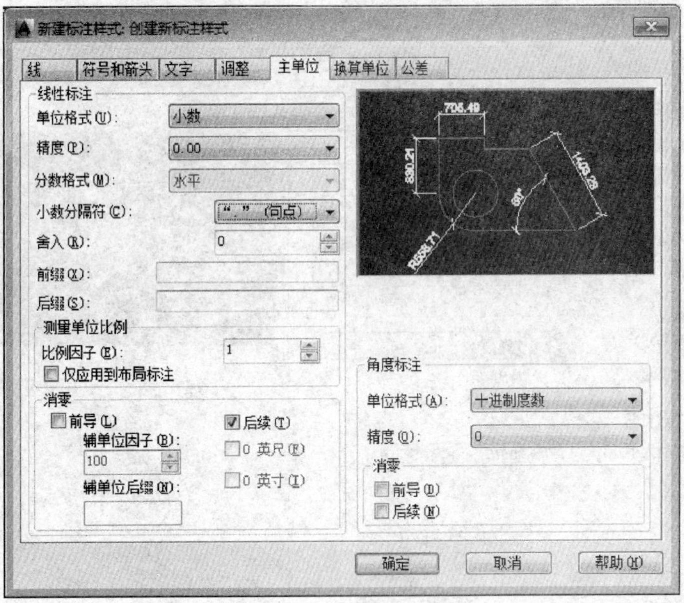

图9-13 "主单位"选项卡

⑦ 单击"确定"按钮完成设置。

【实战演练3】 设置引线样式

引线标注主要用于对指定部分进行文字解释说明,由引线、箭头和引线内容三个部分组成。在室内装潢设计中,通常用引线来标注材料、剖面细节等。其操作步骤如下:

① 选择"格式"→"多重引线样式"命令(或在命令行中输入 MLEADERSTYLE 命令),在弹出的"多重引线样式管理器"对话框中单击"新建"按钮,弹出"创建新多重引线样式"对话框,在"新样式名"文本框中输入"说明文字",如图9-14所示,单击"继续"按钮。

图9-14 "多重引线样式管理器"对话框

② 单击"引线格式"选项卡，分别设置"符号"为"点"，"大小"为"1.5"，"打断大小"为"0.75"，如图 9-15 所示。

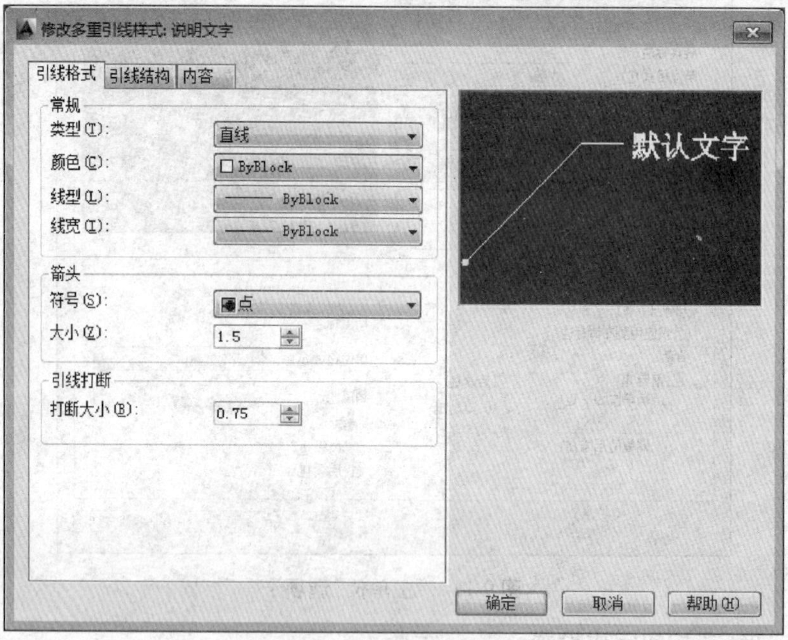

图 9-15 "引线格式"选项卡

③ 单击"引线结构"选项卡，选中"注释性"复选框，使样式具有注释性功能，如图 9-16 所示。

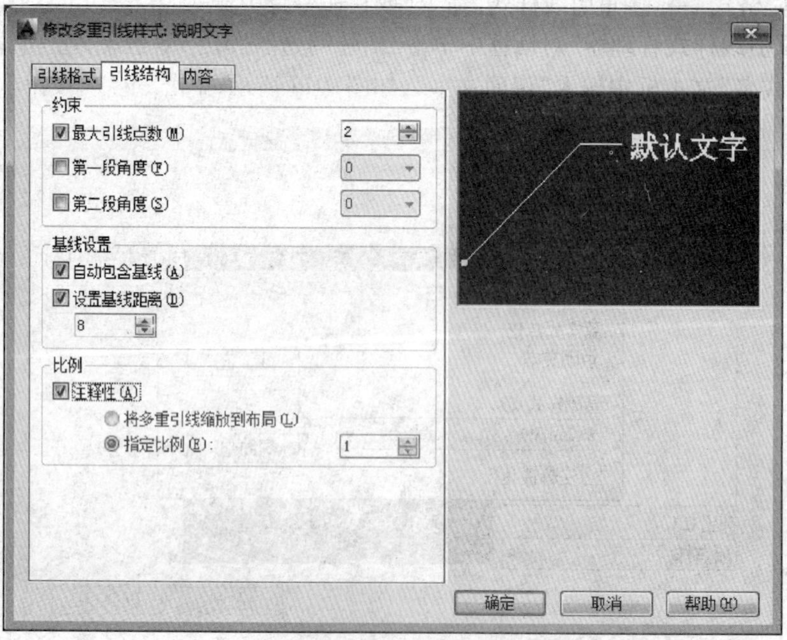

图 9-16 "引线结构"选项卡

④ 单击"内容"选项卡,设置"文字样式"为"说明文字",如图9-17所示。

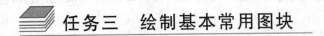

图9-17 "内容"选项卡

⑤ 单击"确定"按钮,返回"多重引线样式管理器"对话框,依次单击"置为当前"和"关闭"按钮,完成引线样式设置。

## 任务三 绘制基本常用图块

绘制室内装潢设计图纸时,经常用到门、窗、标高等特殊图块,为了避免每次都进行重复绘制,一般在样板文件中绘制这些图形,并将其定义为块,以便在绘图过程中调用。

【实战演练1】 创建门图块

其操作步骤如下:

① 双击打开"室内设计图形样板文件.dwt",将"门"图层设置为当前图层。

② 使用矩形命令绘制一个40mm×1000mm的矩形。

命令: _rectang

指定第一个角点或 [倒角(C)/标高(E)/圆角(F)/厚度(T)/宽度(W)]:
                                     //在空白处单击

指定另一个角点或 [面积(A)/尺寸(D)/旋转(R)]: d  //输入"d",按空格键

指定矩形的长度 <10>: 40         //输入"40",按空格键

指定矩形的宽度 <10>: 1000       //输入"1000",按空格键

在屏幕中单击,绘制完成。

③ 绘制圆弧，完成门的绘制，如图9-18所示。

④ 执行B（创建块）命令，弹出"块定义"对话框，在"名称"文本框中输入图块名称"门"，单击"选择对象"按钮，在绘图区中选择绘制的门图形，按〈Enter〉键确认；然后单击"拾取点"按钮，在绘图区中捕捉矩形左下角点为块的插入点，选中"转换为块"复选框。

⑤ 单击"确定"按钮，关闭该对话框，完成门图块的创建。

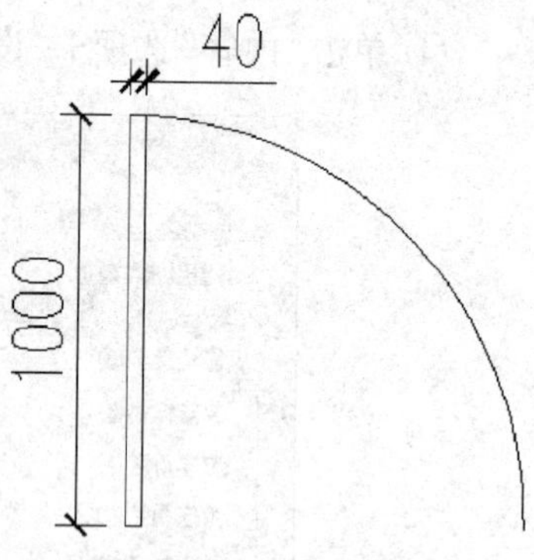

**【实战演练2】 创建门动态块**

将图块转换为动态图块后，可以直接通过移动动态夹点来调整图块的大小和旋转角度，而不需要单独进行编辑，从而使图块的调整更加方便简单。

图9-18 门尺寸

操作步骤如下：

① 执行BE（编辑块）命令，弹出"编辑块定义"对话框，在"要创建或编辑的块"列表框中选择"门"选项。

② 单击"确定"按钮，弹出"块编辑器"选项卡和"块编写选项板"面板，在进入块编辑状态后，窗口背景会显示为浅灰色。在"块编写选项板"面板的"参数"选项卡中，单击"线性"按钮。

③ 在命令行提示下，依次捕捉矩形左下角点和圆弧的右下角点为线性的起点和端点，并指定标签位置，添加线性参数"距离1"，如图9-19所示。

④ 在"块编写选项板"面板的"参数"选项卡中，单击"旋转"按钮，在命令行提示下，捕捉矩形左下角点为基点，输入参数半径值200，按〈Enter〉键确认，添加旋转参数"角度1"，如图9-20所示。

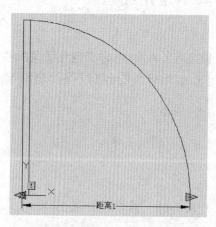
图9-19 线性参数"距离1"

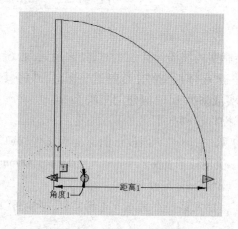
图9-20 旋转参数"角度1"

⑤ 在"块编写选项板"面板中切换至"动作"选项卡，单击"缩放"按钮，在命令行提示下，选择"距离1"选项，按〈Enter〉键确认，选择门图形对象，并确认，添加缩放动作。

⑥ 在"块编写选项板"面板的"动作"选项卡中，单击"旋转"按钮，在命令行提示下，选

择"角度1"选项,按〈Enter〉键确认,选择门图形对象,并确认,添加旋转动作。

⑦ 在"块编辑器"选项卡中,单击"关闭"面板中的"关闭块编辑器"按钮,弹出"块-未保存更改"对话框,单击"将更改保存到门(S)"按钮,如图9-21所示,即可创建动态图块。

⑧ 在以后的绘图中,插入块后,就可以调整动态夹点对"门"进行缩放和旋转操作。

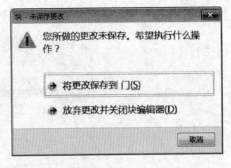

图9-21 保存块

【实战演练3】 设置窗户多线样式

在绘图室内设计图纸中,我们一般使用多线命令进行窗户的绘制,在使用多线绘制窗户之前,我们需要对多线的样式进行设置。其操作步骤如下:

① 选择"格式"→"多线样式"命令,弹出"多线样式"对话框,单击"新建"按钮,弹出"创建新的多线样式"对话框,在"新样式名"文本框中输入"CHUANG",如图9-22所示,单击"继续"按钮。

图9-22 "创建新的多线样式"对话框

② 选中"直线(L)"对应的"起点"和"端点"复选框,单击"添加"按钮两下,添加两根线,输入相应数据,如图9-23所示,在绘图室内设计图纸中,窗户一般由四条等距水平线构成,厚度为240mm(墙体厚度),间距为80mm。

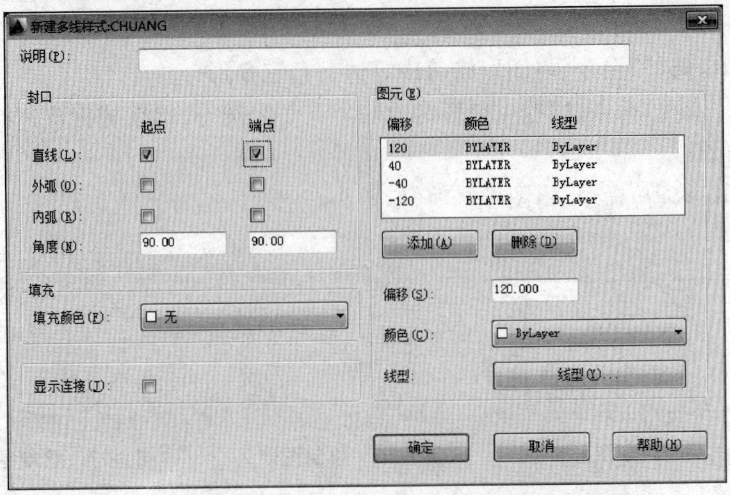

图9-23 "创建多线样式"对话框

③ 单击"确定"按钮,返回"多线样式"对话框,如图9-24所示,关闭该对话框。

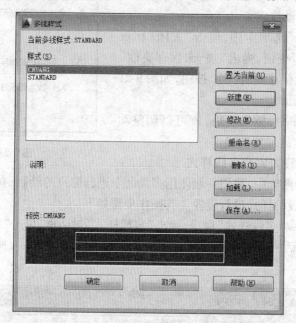

图 9-24 "多线样式"对话框

④ 以后绘制窗户可以直接执行 ML(多线)命令,设置比例为"1",对正为"无",名称为"CHUANG"进行绘制。

【实战演练4】 创建"立面指向符"图块

立面指向符由等边直角三角形、圆和字母组成,其中字母表示立面图的编号,黑色箭头指向立面的方向。创建立面指向符图块的操作步骤如下:

① 将"文字说明"图层设置为当前图层。执行 REC(矩形)命令,绘制一个 400mm × 200mm 的矩形。

② 执行 L(直线)命令,分别将矩形的左下角点和右下角点与矩形上边的中点连接,如图 9-25 所示。

③ 执行 TR(修剪)命令,将图形修剪成等边直角三角形。

④ 执行 C(画圆)命令,捕捉三角形斜边的中点作为圆心,然后捕捉直边的中点,得到如图 9-26 所示的图形。

⑤ 执行 TR(修剪)命令,将图形修剪,如图 9-27 所示。

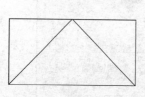
图 9-25 绘制图形 1

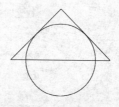
图 9-26 绘制图形 2

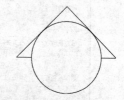
图 9-27 绘制图形 3

⑥ 执行 H(图案填充)命令,弹出"图案填充图案"选项卡,单击"图案"面板中的"图案

填充图案"下拉按钮,在弹出的下拉列表框中选择"SOLID"选项,点击"添加拾取点"前面的加号,依次单击需要进行填充的区域,按〈Enter〉键确认,填充图形,如图 9-28 所示。

⑦ 选择"格式"→"文字样式"命令,将"说明文字"设为当前样式。

⑧ 执行 MT(多行文字)命令,设置字体为"Time New Roman",设置文字高度为 200,即完成立面指向符的绘制,如图 9-29 所示。

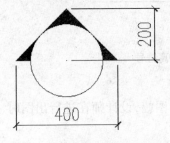

图 9-28　立面指向符填充及尺寸

图 9-29　立面指向符

⑨ 执行 B(创建)命令,参照前面的操作方法,创建"立面指向符"图块。

【实战演练 5】　创建"标高"图块

标高主要用于表示顶面造型及地面装修完成的高度,在室内装潢设计中使用结构标高和建筑标高,两者之间的差别在于装修引起的差异。通常情况下,施工放线会在结构高度上标注而不是装修高度,在绘制图形时经常忽略掉两者的差别。

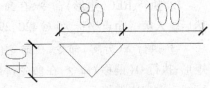

图 9-30　标高图形尺寸

① 将"标注"图层置为当前层;绘制图形,如图 9-30 所示。

② 执行 ATT(定义属性)命令,弹出"属性定义"对话框。在"属性"选项组的"标记"文本框中输入"0.000",在"默认"文本框中输入"0.000";在"文字设置"选项组的"文字样式"下拉列表框中选择"说明文字"选项,在"文字高度"文本框中输入"30",并选中"注释性"复

图 9-31　"属性定义"对话框

选框,如图 9-31 所示。

③ 单击"确定"按钮,在命令行提示下,在合适位置指定属性定义的起点,如图 9-32 所示。

④ 执行 B(创建)命令,参照前面的操作方法,创建"标高"图块。

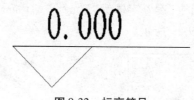

图 9-32 标高符号

**【实战演练 6】 创建"A3 图框"图块**

A3 图框是室内装潢设计施工图中最常用的图幅,设计师在进行出图时,应用统一的图幅,以提供统一协调的施工图纸。

① 双击打开"室内设计图形样板文件.dwt",执行 LA(图层特性)命令,弹出"图层特性管理器"面板;单击"新建图层"按钮,新建"图框"图层,设置"颜色"为"白",并将其置为当前层。

② 执行 REC(矩形)命令,在命令行提示下,在绘图区单击任意一点作为矩形第一角点,然后输入第二角点坐标为(@420,297),按〈Enter〉键确认,绘制矩形。

③ 执行 X(分解)命令,在命令行提示下,选择矩形为分解对象,按〈Enter〉键确认,分解矩形;执行 O(偏移)命令,在命令行提示下,分别将左边直线向右偏移"25"、将其他 3 个边的直线一次向内偏移 5。

④ 执行 TR(修剪)命令,在命令行提示下,选择所绘制的图像对象,按〈Enter〉键确认,修剪多余线段,效果如图 9-33 所示。

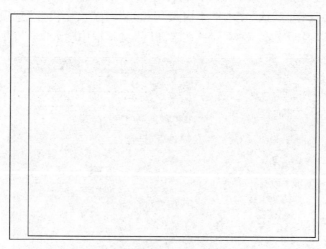

图 9-33 A3 图框

⑤ 执行 O(偏移)命令,在命令行提示下,将右边内框线向左偏移 60。

⑥ 绘制相关表格并输入内容,如图 9-34 所示。

⑦ 执行 B(创建)命令,参照前面的操作方法,创建"A3 图框"图块。

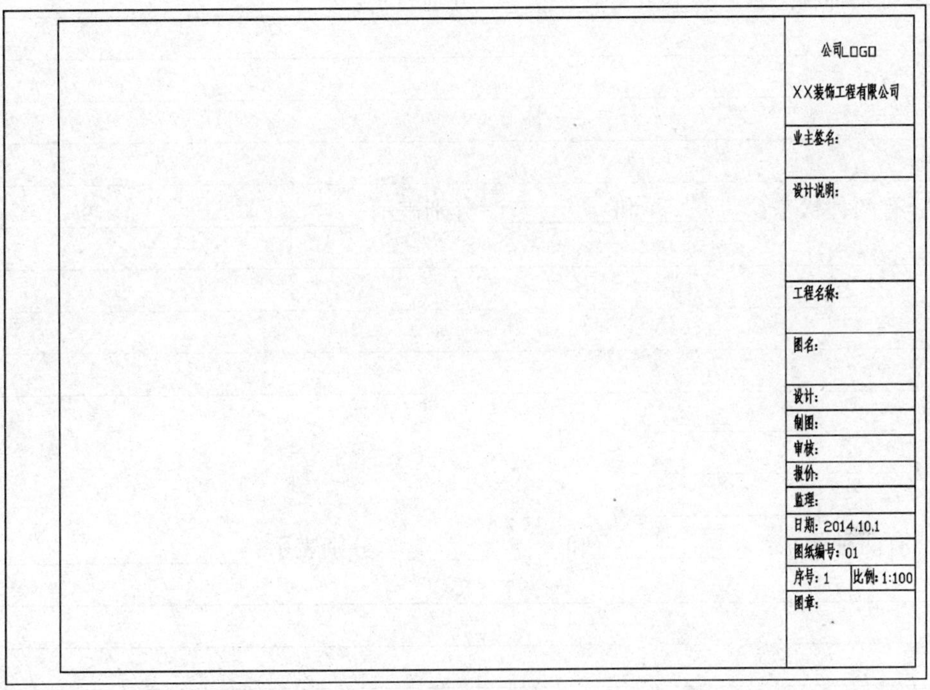

项目九 创建室内绘图模板

图 9-34 A3 图纸

**课后练习**

（1）请填写图 9-35 所示各个字母表示的状态和含义。

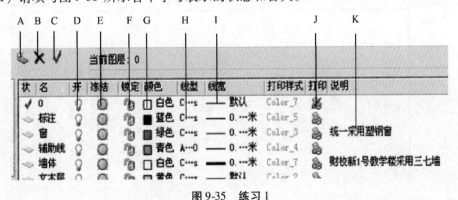

图 9-35 练习 1

A：_____，其快捷键是_____。

B：_____。

C：_____。

D：有两种状态：_____和_____。分别表示：_____
_____
_____

E：有两种状态：_____和_____。分别表示：_____
_____
_____
_____
_____；

F：有两种状态：_____和_____。分别表示：_____
_____
_____
_____
_____；

G：_____。
H：_____。
I：_____。
J：有两种状态：_____和_____。分别表示：_____
_____
_____
_____。

K：_____。

（2）绘制 A3 图纸（图 9-36）。

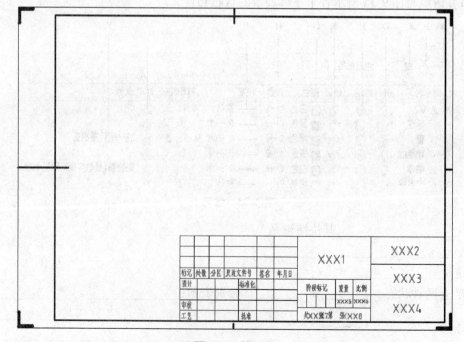

图 9-36　练习 2

**项目 9 习题答案**

A：__新建图层__，其快捷键是__Alt + N__。

B：__删除图层__。

C：__置为当前层__。

D：有两种状态：__开__和__关__。分别表示：如果某个图层被设置为"关闭"状态，则该图层上的图形对象不能被显示或打印，但可以重生成。暂时关闭与当前工作无关的图层可以减少干扰，使用户更加方便快捷地工作。

E：有两种状态：__冻结__和__解冻__。分别表示：图层可设置为"Freeze（冻结）"状态。如果某个图层被设置为"冻结"状态，则该图层上的图形对象不能被显示、打印或重新生成。因此用户可以将长期不需要显示的图层冻结，提高对象选择的性能，减少复杂图形的重生成时间。

F：有两种状态：__锁定__和__解锁__。含义分别表示：图层可设置为"Lock（锁定）"状态。如果某个图层被设置为"锁定"状态，则该图层上的图形对象不能被编辑或选择，但可以查看。这个功能对于编辑重叠在一起的图形对象时非常有用。

G：__图层颜色__。

H：__图层线型__。

I：__图层线宽__。

J：有两种状态：__打印__和__不打印__；分别表示：图层可设置为"Plot（打印）"状态。如果某个图层的"打印"状态被禁止，则该图层上的图形对象可以显示但不能打印。例如，如果图层只包含构造线、参照信息等不需打印的对象时，则可以在打印图形时关闭该图层。

K：__图层说明__。

# 项目十

## 绘制装饰施工图纸

【学前提示】

装饰施工图是在建筑施工图的基础上,结合环境艺术设计的要求,更详细地表达建筑空间的装饰做法及整体效果。一套完整的图纸一般包括:图纸封面、图纸目录、图例说明、原始平面图、墙体改建图、平面布置图、天花布置图、地面铺装图、强电布置图、弱电布置图、开关插座图、装饰立面图、节点详图等。本项目将以原始平面图、平面布置图和地面布置图为例来讲解装饰施工图纸的绘制。

【本章要点】

- 绘制原始平面图。
- 绘制平面布置图。
- 绘制地面布置图。

【学习目标】

- 了解装饰施工图纸的概念和详细内容。
- 掌握原始平面图的绘制方法。
- 掌握平面布置图的绘制方法。
- 掌握地面布置图的绘制方法。

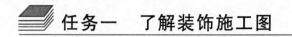

## 任务一　了解装饰施工图

### 一、什么是装饰施工图

前面已介绍过,装饰施工图是在建筑施工图的基础上,结合环境艺术设计的要求,更详细地表达建筑空间的装饰做法及整体效果。装饰施工图与建筑施工图的图示方法、尺寸标注、图例代号等基本相同。因此,其制图与表达应遵守现行建筑制图标准的规定,它是以透视效果图为主要依据,采用正投影等投影法反映建筑的墙、地、顶棚三个界面的装饰构造、造型处理和装饰做法,又表示了家具、织物、陈设、绿化等的布置。

二、装饰施工图设计观念上的要点

◆ 装饰施工图设计是一种技术服务,而不仅仅是画图。

◆ 装饰施工图设计是建筑设计实践的一个重要阶段,应严格遵循设计程序。

◆ 装饰施工图设计与方案设计相比,具有更大的法律意义。施工图中的任何一条线或一个数字都有重要的法律意义。

◆ 装饰施工图是设计师和建设方进行协调沟通的工具。设计师通过施工图的形式传达其设计意图,因此它必须简洁、明确和易懂。制作出一套明确、完整,特别是没有错误的施工图是设计师最重要的任务之一。

◆ 装饰施工图要简洁明确,不要有重复,重复往往是产生错误的根源。

三、装饰施工图与建筑施工图的关系

1. 原理

建筑施工图与装饰施工图具有相同的基本原理,都采用了正投影原理及形体表达方法。

2. 表达内容

装饰施工图表达了建造完的建筑物室内外环境的进一步美化或改造的技术内容;建筑施工图表达了建筑物建造中的技术内容。

3. 二者关系

建筑施工图是装饰施工图的重要基础,装饰施工图又是建筑施工图的延续和深化。

四、装饰施工图的详细内容

一套完整的装饰施工图一般包括以下内容:

(1) 图纸封面。

(2) 图纸目录(包含序号、图纸编号、图纸名称和设计说明)。

(3) 图例说明(主要包括天花图例、水电设备图例和材料填充图例的说明)。

(4) 原始平面图(以现场测量为准)。

(5) 墙体改建图(对原始平面图中的墙体进行合理改造规划后的图纸)。

(6) 平面布置图(含量最高的一张图,让客户了解整体布局)。

(7) 天花布置图(吊顶造型、层高、灯具、中央空调、浴霸等详细尺寸图)。

(8) 地面铺装图(地面材料及铺设规范)。

(9) 强电布置图(冰箱、空调等强电线路走向布置)。

(10) 弱电布置图(电话线、网线、照明等弱电线路走向布置)。

(11) 开关插座图(开关及插座的详细布置图)。

(12) 装饰立面图(若干张,如厨房立面、卫生间立面、餐厅背景立面、电视背景立面等图)。

(13) 节点详图(一些规范的、详细的、造型复杂的施工都需要此图)。

## 任务二 绘制原始平面图

平面图是假想用一水平的剖切平面,沿需装饰的房间的门窗洞口处做水平全剖切,移去上面部分,对剩下部分所作的水平正投影图。平面图的比例一般采用1:50或1:100。

原始平面图是指设计师根据实地测量的毛坯房尺寸绘制的平面图,如图10-1所示。

本例中绘制的是一套小户型,将A3图纸放大50倍,按实际尺寸绘制,打印时选择1:50的比例输出就是正常大小A3图纸。

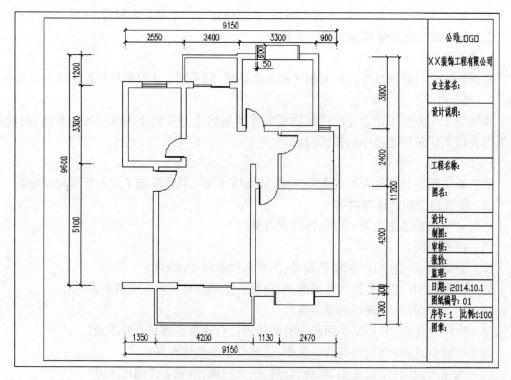

图10-1 原始平面图

**【实战演练1】 设置A3图纸**

操作步骤如下:

① 双击打开"室内设计图形样板文件.dwt"文件,系统将自动创建一个名为"Drawing1.dwg"的图形文件,在该图形文件中包含上一项目中创建的样板文件信息。

② 将"图框"层设为当前图层,执行I(插入块)命令,弹出"插入"对话框,在"名称"中选择"A3图纸",将插入点设为坐标原点,将比例放大为50倍,如图10-2所示,单击"确定"按钮。

③ 双击鼠标滚轮,使A3图纸完全显示。

项目十 绘制装饰施工图纸 | 157

图 10-2 "插入"对话框

【实战演练 2】 绘制轴线

其操作步骤如下:

① 将"轴线"图层设为当前图层,执行 L(直线)命令,绘制一根长度为 12000mm 的直线(绘制的轴线尺寸应比实际尺寸长一些),如图 10-3 所示。

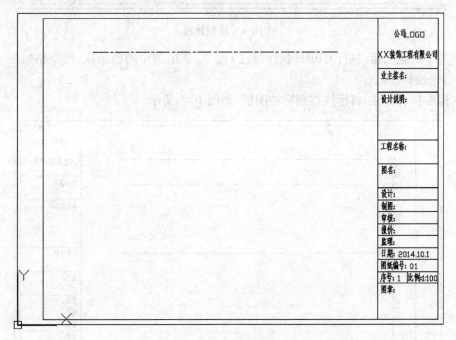

图 10-3 绘制轴线

② 根据左侧尺寸绘制轴线,执行 O(偏移)命令,将直线依次向下偏移 1200mm、3300mm、5100mm,如图 10-4 所示。

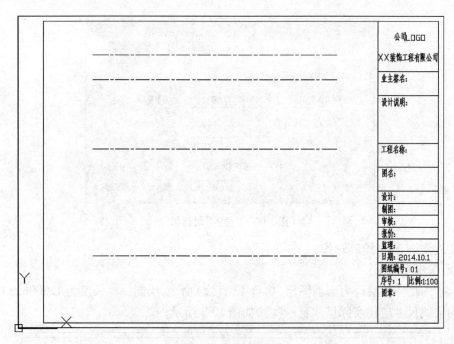

图 10-4　绘制轴线

③ 为了防止出错,执行 QDIM(快速标注)命令,选中图中的四条线,按空格后向左拖动单击进行快速标注。

④ 选中所有标注,将标注移到标注图层,如图 10-5 所示。

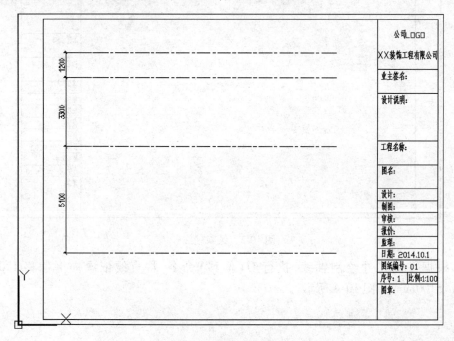

图 10-5　左侧快速标注

⑤ 根据右侧尺寸绘制轴线,执行 O(偏移)命令,将直线依次向下偏移 3000mm、2400mm、4200mm(重合,无需绘制)、300mm、1300mm。选中右侧所有标注,将标注移到标注图层,如图 10-6 所示。

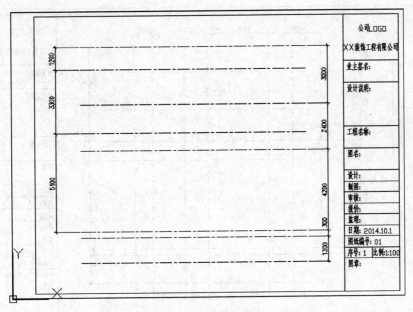

图 10-6  右侧快速标注

⑥ 执行 L(直线)命令,在图框左侧绘制一根长度为 12000mm 的垂线。

⑦ 根据上方尺寸绘制轴线,执行 O(偏移)命令,将直线依次向右偏移 2550mm、2400mm、3300mm、900mm。选中上方所有标注,将标注移到标注图层,如图 10-7 所示。

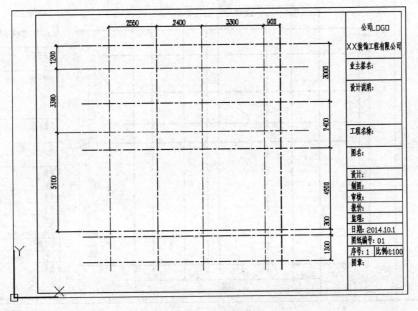

图 10-7  上方快速标注

⑧ 根据下方尺寸绘制轴线,执行 O(偏移)命令,将直线依次向右偏移 1350mm、4200mm、1130mm、2470mm(重合,无需不绘制)。选中下方所有标注,将标注移到标注图层,如图 10-8 所示。

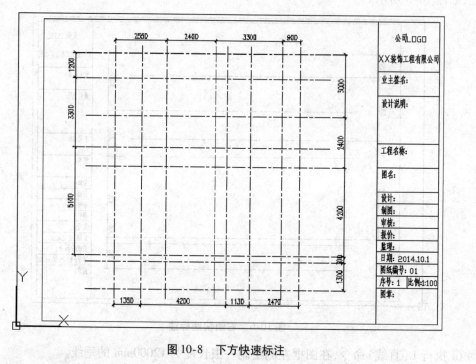

图 10-8　下方快速标注

⑨ 对四周进行基线标注,完成轴线的绘制,如图 10-9 所示。

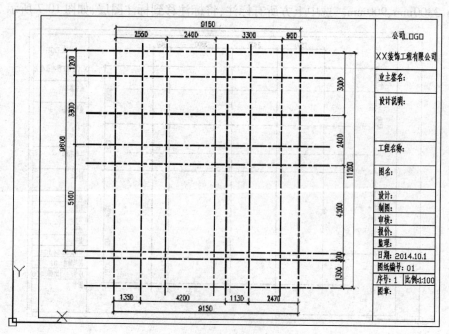

图 10-9　基线标注完成图

## 【实战演练3】 绘制墙体

一二墙,建筑俗语,即指宽度为120mm的墙,因为目前墙砖的宽度一般是120mm,一面墙砌一块砖的话,这面墙的厚度就只有120mm。同理,还有二四墙,即指宽度为240mm的墙。此外还有三七墙,就是指370mm厚的墙。一般室内墙为二四墙,还有一些地方,如阳台、厨房、卫生间有时会是一二墙。绘制墙体的操作步骤如下:

① 将"墙体"图层设为当前图层。

② 执行ML(多线)命令,绘制墙体外框。由于"STANDARD"样式的多线是厚度为1mm的双线,所以我们在绘制墙体时,可以直接将其放大240倍来绘制二四墙,轴线是墙线的中心,因此将对正方式设置为无(Z),即中心对正。

命令:_ml
MLINE
当前设置:对正 = 上,比例 = 20.00,样式 = STANDARD
指定起点或 [对正(J)/比例(S)/样式(ST)]:j    //输入"j",按空格键
输入对正类型 [上(T)/无(Z)/下(B)] <上>:z
                                 //输入"z",按空格键
当前设置:对正 = 无,比例 = 20.00,样式 = STANDARD
指定起点或 [对正(J)/比例(S)/样式(ST)]:s
                                 //输入"s",按空格键
输入多线比例 <20.00>:240          //输入"240",按空格键
当前设置:对正 = 无,比例 = 240.00,样式 = STANDARD
                                 //开始绘制墙体

③ 绘制二四墙体外框,如图10-10所示。

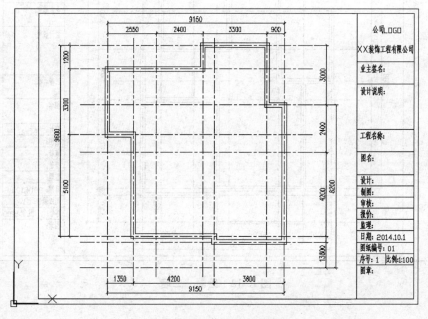

图10-10　绘制二四墙体外框

④ 绘制其他二四墙，如图 10-11 所示。

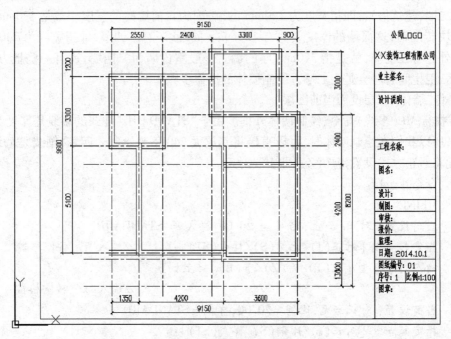

图 10-11　绘制其他二四墙

⑤ 执行 ML（多线）命令，将比例改为 120，绘制一二墙，如图 10-12 所示。

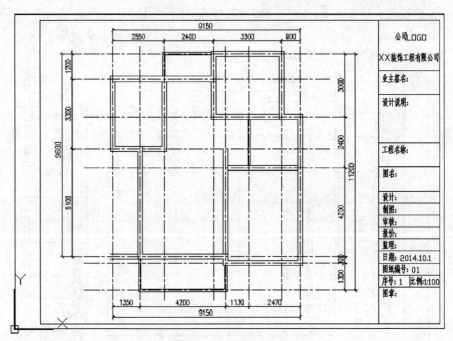

图 10-12　绘制一二墙

⑥ 隐藏"轴线"图层,双击需要编辑的多线交点,使用 T 形合并进行多线编辑,如图 10-13 所示。

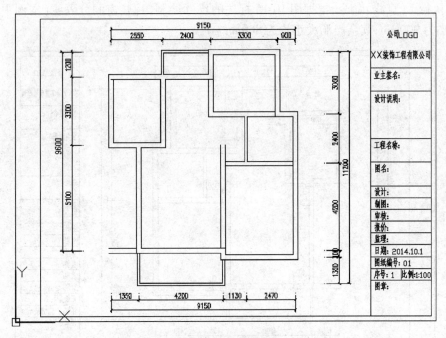

图 10-13  编辑多线

⑦ 选择所有墙体,执行 X(分解)命令,将多线转为直线。
⑧ 执行 TR(修剪)命令和 L(直线)命令,完成墙体绘制,如图 10-14 所示。

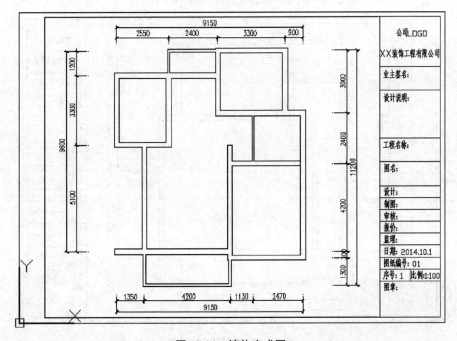

图 10-14  墙体完成图

## 【实战演练4】 开门洞、窗洞

开门洞、窗洞的操作步骤如下：

① 执行 L（直线）命令，根据图 10-15 标注的尺寸绘制门洞、窗洞分隔线（本例中入户门门洞大小为 900mm，其余门洞大小均为 800mm）。

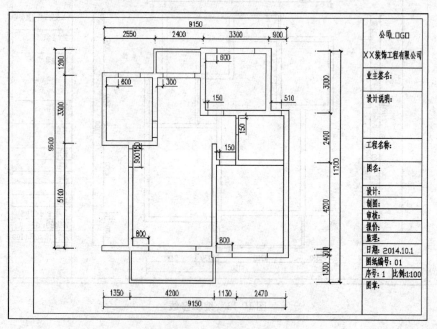

图 10-15 开洞尺寸

② 执行 TR（修剪）命令，修剪门洞、窗洞，如图 10-16 所示。

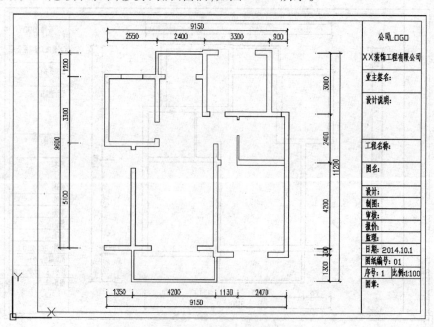

图 10-16 修剪门洞、窗洞

## 【实战演练 5】 插入门图块

插入门图块的操作步骤如下：

① 将"门"图层设置为当前图层。

② 执行 I(插入块)命令，在"名称"中选择"门"，将插入点设为在屏幕上指定，将比例修改为 0.8(在上一项目中我们绘制的门图块尺寸为 1000mm，本例中门尺寸为 800mm，所以比例应为 0.8)，如图 10-15 所示，单击"确定"按钮。

图 10-17　"插入"对话框

③ 重复命令，在图纸中插入四个门图块，如图 10-18 所示。

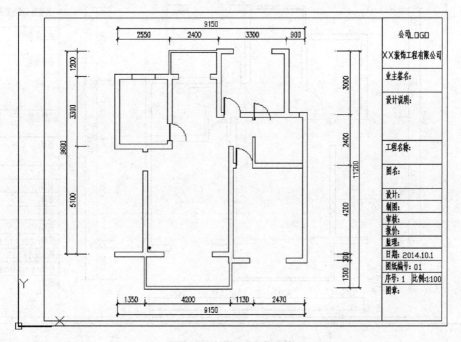

图 10-18　插入"门"图块

④ 选中方向不对的门，选中旋转圆形夹点，即可对门的方向进行旋转，如图 10-19 所示。

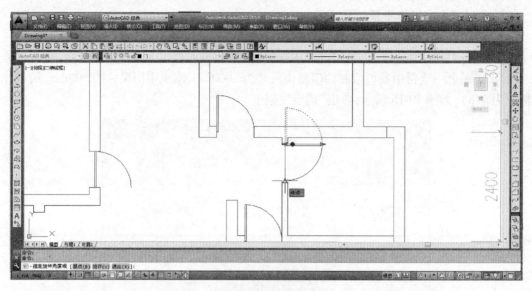

图 10-19　旋转门

⑤ 旋转后的门如图 10-20 所示。

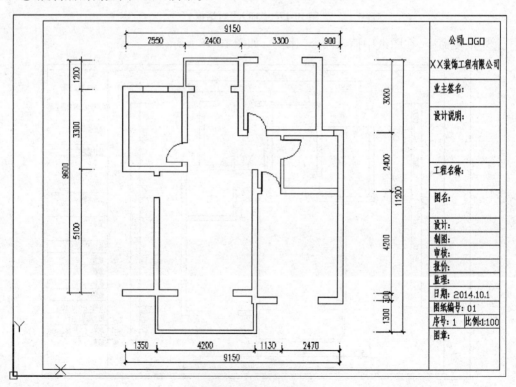

图 10-20　旋转后的门

⑥ 执行 MI(镜像)命令,将最下面的门进行镜像,如图 10-21 所示。

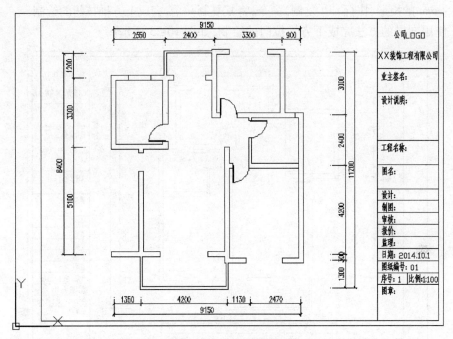

图 10-21　镜像后的门

⑦ 用同样的方法插入入户门(比例为 0.9),如图 10-22 所示。

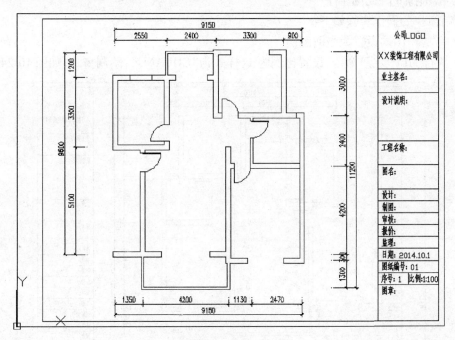

图 10-22　插入入户门

⑧ 使用标注的方法得知上方推拉门门洞大小 1560mm,绘制长度为门洞一半(即 780mm)、宽度为 50mm 的矩形,执行 CP(复制)命令,将其复制一个,完成上方推拉门的绘制。

⑨ 使用同样的方法完成下方推拉门的绘制,如图 10-23 所示。

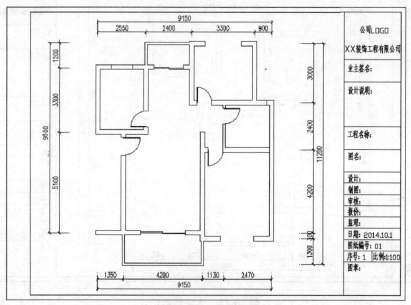

图 10-23　推拉门

**【实战演练6】　绘制窗户**

绘制窗户的操作步骤如下:

① 将"窗"图层设置为当前图层。

② 执行 ML(多线)命令,设置比例为 1,样式为"CHUANG",绘制窗户,如图 10-24 所示。

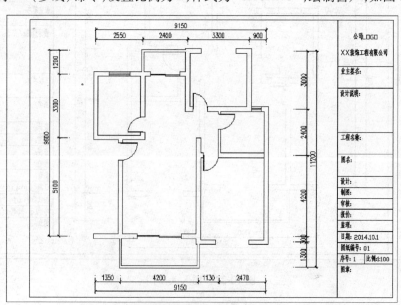

图 10-24　绘制窗户

```
命令:_ml
MLINE
当前设置:对正 = 无,比例 = 120.00,样式 = STANDARD
指定起点或[对正(J)/比例(S)/样式(ST)]:s      //输入"s",按空格键
输入多线比例 <120.00>: 1                //输入"1",按空格键
当前设置:对正 = 无,比例 = 1.00,样式 = STANDARD
指定起点或[对正(J)/比例(S)/样式(ST)]:st
                                        //输入"st",按空格键
输入多线样式名或[?]: CHUANG             //输入"CHUANG",按空格键
当前设置:对正 = 无,比例 = 1.00,样式 = CHUANG
指定起点或[对正(J)/比例(S)/样式(ST)]:
指定下一点:
指定下一点或[放弃(U)]:
```

③ 绘制飘窗,尺寸如图 10-25 所示。

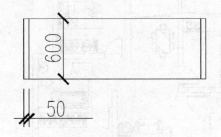

图 10-25　飘窗尺寸

④ 执行 L(直线)命令和 O(偏移)命令完成飘窗的绘制,如图 10-26 所示。

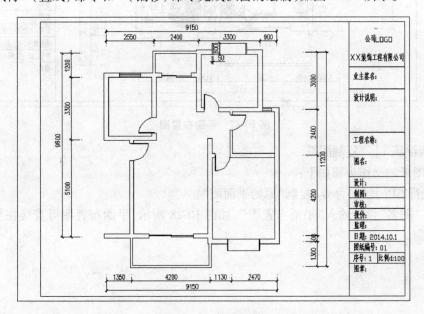

图 10-26　绘制飘窗

⑤ 将"说明文字"层设为当前图层,执行 MT(多行文字)命令,设置文字大小为"300",在"图名"栏中输入"原始平面图",保存文件。

## 任务三  绘制平面布置图

平面布置图一般指用平面的方式展现空间的布置和安排,分公共空间平面布置、室内平面布置、绿化平面布置等。平面布置图在工程上一般是指建筑物布置方案的一种简明图解形式,用以表示建筑物、构筑物、设施、设备等的相对平面位置。本例中的平面布置图主要是指室内的布置,如图 10-27 所示。

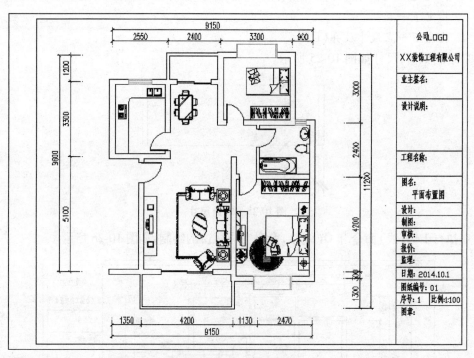

图 10-27  平面布置图

**【实战演练1】  复制图纸**

复制图纸的操作步骤如下:

① 执行 CP(复制)命令,复制"原始平面图"。

② 在"图名"栏中输入"平面布置图",如图 10-28 所示,平面布置图可直接在复制后的图纸中绘制。

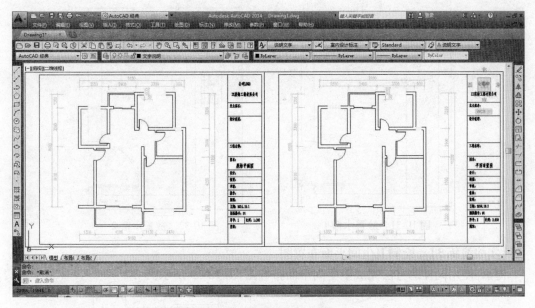

图 10-28 复制"原始平面图"

【**实战演练 2**】 绘制厨房平面布置图

① 将"家具"层设为当前图层。执行 L(直线)命令,绘制橱柜体(标准柜体进深为 600mm),如图 10-29 所示。

② 执行 FILLET(圆角)命令,设置模式为"修剪",半径为"200",对橱柜柜体做圆角处理,如图 10-30 所示。

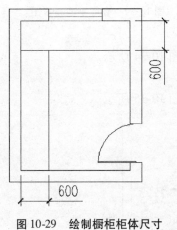
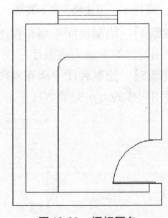

图 10-29 绘制橱柜柜体尺寸　　　图 10-30 橱柜圆角

③ 打开"学生文件夹"中的"家具图例.dwg"文件,执行复制命令复制水槽,打开"Drawing1.dwg"文件,执行粘贴命令粘贴水槽,将它放置在合适位置,如果位置不对可以执行 M(移动)命令,如图 10-31 所示。

④ 用同样的方法将灶具放置在合适位置,如果方向不对可使用 RO(旋转)命令进行旋转,如图 10-32 所示。

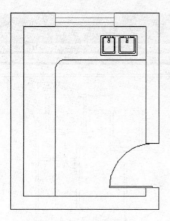 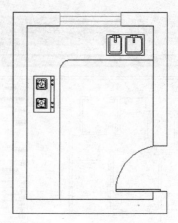

图 10-31　放置水槽 1　　　　　图 10-32　放置水槽 2

【实战演练 3】　绘制卫生间平面布置图

提示:使用同样的方法完成卫生间平面布置图,图 10-33 所示。

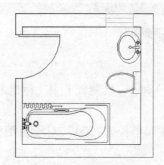 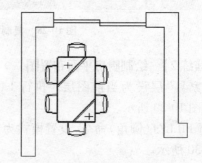

图 10-33　卫生间平面布置图　　　图 10-34　餐厅平面布置图

【实战演练 4】　绘制餐厅平面布置图

提示:使用同样的方法完成餐厅平面布置图,图 10-34 所示。

【实战演练 5】　绘制客厅平面布置图

提示:使用同样的方法完成客厅平面布置图,图 10-35 所示。

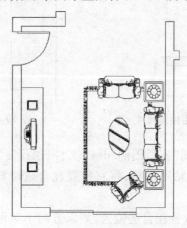

图 10-35　客厅平面布置图

项目十　绘制装饰施工图纸　173

【实战演练6】　绘制主卧平面布置图

绘图主卧平面布置图的操作步骤如下：

① 执行L(直线)命令，绘制衣柜主体(衣柜进深为600mm，宽度为2200mm)，如图10-36所示。

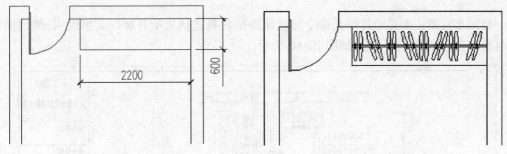

图10-36　衣柜主体尺寸　　　　　图10-37　衣柜主体尺寸

② 复制衣架并调整，如图10-37所示。
③ 使用同样的方法完成主卧平面布置图，图10-38所示。

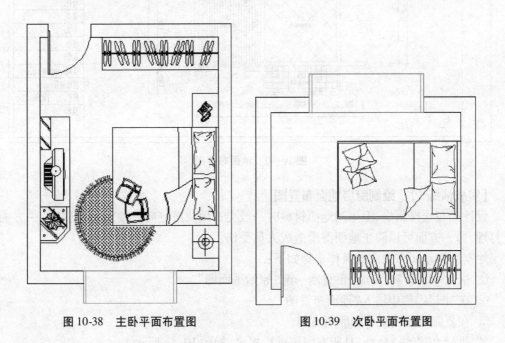

图10-38　主卧平面布置图　　　　图10-39　次卧平面布置图

【实战演练7】　绘制次卧平面布置图

提示：使用同样的方法完成次卧平面布置图，绘制衣柜主体(衣柜进深为600mm，宽度为1800mm)，如图10-39所示。

## 任务四  绘制地面布置图

地面布置图主要是通过填充命令对地面铺贴材料进行表示并加以文字说明,使地面铺贴材料和整体效果一目了然,如图10-40所示。

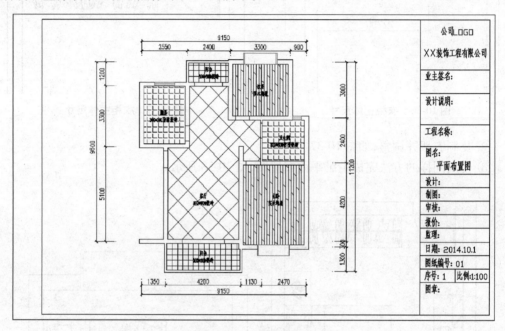

图10-40  地面布置图

**【实战演练1】  绘制厨房地面布置图**

设计师在选择厨房、卫生间地面材料时一般会选用防滑瓷砖。使用防滑瓷砖,一方面易于打理,另一方面可以防止地面湿滑造成人员受伤。

绘制厨房地面布置图的操作步骤如下:

① 执行CP(复制)命令,再复制一遍"原始平面图"。

② 在"图名"栏中输入"地面布置图"。

③ 在复制后的图纸中删除所有门。

④ 执行L(直线)命令,对所有门洞进行封堵,如图10-41所示。

⑤ 执行H(填充)命令,单击"图案"栏后面的 按钮,在弹出的"填充图案选项板"对话框中选择"ANGLE",如图10-42所示,单击"确定"按钮。

⑥ 返回"图案填充编辑"对话框中,将比例设置为43倍(放大后,填充正方形的尺寸接近300mm×300mm,和瓷砖尺寸相符),在"边界"栏中单击"添加:拾取点"前面的 ,拾取厨房边界,在"图案填充原点"栏中选择"指定的原点",将厨房右下角设为填充原点,如图10-43所示,单击"确定"按钮,填充效果如图10-44所示。

⑦ 使用同样的方法对卫生间进行填充(将卫生间的左上角作为原点进行填充)。

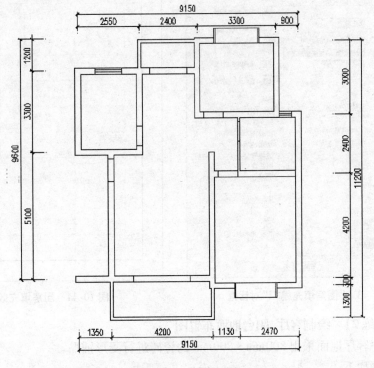

图 10-41　封堵门洞

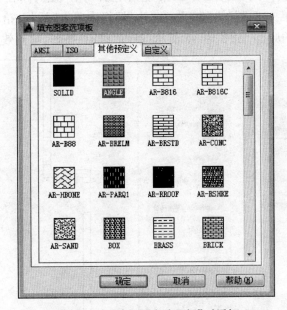

图 10-42　"填充图案选项板"对话框

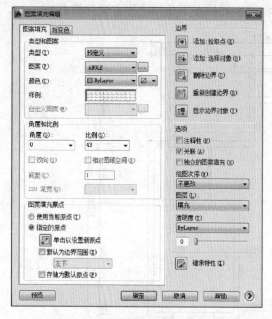
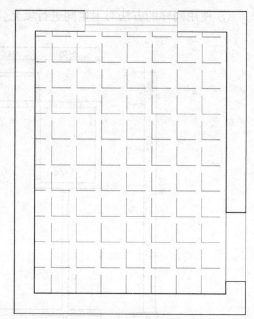

图 10-43 "图案填充编辑"对话框　　　　　图 10-44 厨房填充效果

**【实战演练 2】** 绘制客厅、阳台地面布置图

在本例中客厅地面采用 800mm×800mm 的瓷砖进行菱形铺贴。

操作步骤如下：

① 执行 H(填充)命令，在"类型和图案"栏中选择"用户定义"，在"角度和比例"栏中设置角度为"45"、"双向"、"间距"为"800"，在"边界"栏中单击"添加:拾取点"前面的 ，拾取客厅边界，指定合适的原点，如图 10-45 所示，单击"确定"按钮，填充效果如图 10-46 所示。

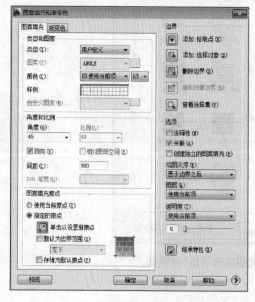
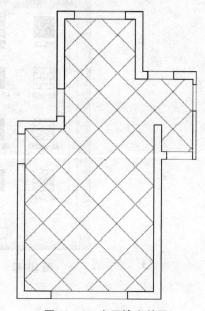

图 10-45 "图案填充和渐变色"对话框　　　　图 10-46 客厅填充效果

② 执行 H（填充）命令，在"类型和图案"栏中选择"用户定义"，在"角度和比例"栏中设置"双向"、"间距"为"300"，在"边界"栏中单击"添加：拾取点"前面的图标，拾取阳台边界，指定合适的原点，如图 10-47 所示，单击"确定"按钮，填充效果如图 10-48 所示。

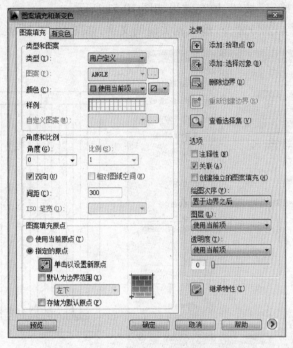

图 10-47 "图案填充和渐变色"对话框

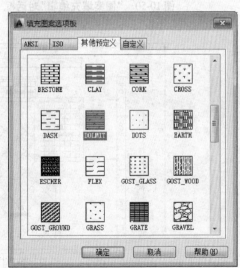

图 10-49 "填充图案选项板"对话框

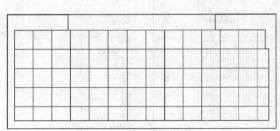

图 10-48 阳台填充效果

【实战演练3】 绘制主卧、次卧地面布置图

绘制主卧、次卧地面布置图的操作步骤如下：

① 执行 H（填充）命令，单击"图案"栏后面的按钮，在弹出的"填充图案选项板"对话

框中选择"DOLMIT",如图 10-49 所示,单击"确定"按钮。

② 返回"图案填充编辑"对话框中,在"角度和比例"栏中设置角度为"90"、"比例"为"23",在"边界"栏中单击"添加:拾取点"前面的 ,拾取卧室边界,指定合适的原点,如图 10-50 所示,单击"确定"按钮,填充效果如图 10-51 所示。

③ 执行 MT(多行文字)命令,输入相关说明文字,如图 10-52 所示,保存文件。

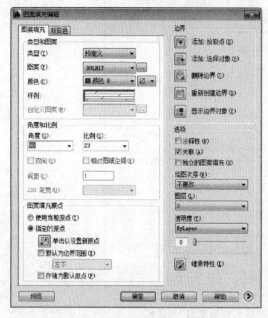

图 10-50　"图案填充编辑"对话框

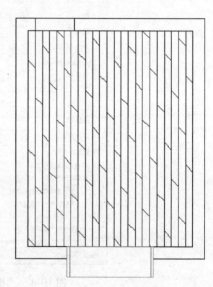

图 10-51　卧室填充效果

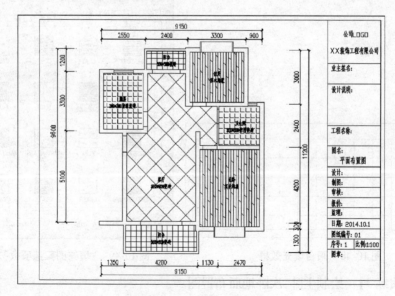

图 10-52　添加说明文字

## 课后练习

绘制平面户型图(图 10-53)。

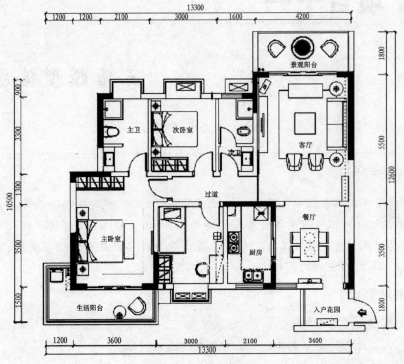

图 10-53 平面户型图

# 三维模型绘图实例

【学前提示】

相对于在实际工程中常用的二维投影图来说,三维模型在表达设计时更为直观,三维模型还可以进行干涉检查或构造动画。AutoCAD 2014 提供了强大的三维建模工具以及相关的编辑工具。本项目通过两个玩具产品模型绘制实例,重点介绍 AutoCAD 2014 常用的建模方法和编辑方法等内容。

【本章要点】

- 绘制三维图元实体。
- 从二维几何图形或其他三维对象创建三维实体。
- 修改三维图形。

【学习目标】

- 掌握长方体、圆柱体、圆锥体、球体、棱锥、楔体、圆环等三维图元的建模方法。
- 掌握拉伸、扫掠、放样和旋转等建模方法。
- 掌握三维镜像、三维移动、三维旋转、三维缩放、三维对齐等三维修改方法。
- 掌握使用三维小控件和夹点编辑方法。

 任务一　绘制串珠积木

如图 11-1 所示为串珠积木,这是一款适合于幼儿玩耍的积木,由基本立体构成,如球、立方体、三棱柱、圆柱、圆锥、圆环等。在这些基本立体上打上孔,由幼儿自由地去串成串,在玩耍的过程中,幼儿认识了各种基本立体,锻炼了动手能力,开发了想象力。

项目十一　三维模型绘图实例　181

图 11-1　串珠积木

绘图时根据幼儿手比较小的特点，以 30mm 作为基本尺寸，串孔尺寸 6mm，边角倒圆 2mm，串孔处导圆角 1mm。

在 AutoCAD 2014 中，提供了一些三维实体图元，它们是常用的标准三维形状，包括长方体、圆锥体、圆柱体、球体、圆环体、楔体和棱锥体等。串珠积木可用三维实体图元绘制，使用三维实体布尔运算进行穿孔，使用三维编辑中的倒圆角命令进行倒圆。

**一、准备工作**

1. 切换视图模式

在绘制三维实体图元前，需将视图模式切换到"三维基础"模式，如图 11-2 所示。

图 11-2　"三维基础"模式工具面板

2. 切换视图控件

[-][俯视][二维线框]视图控件在 CAD 绘图区左上角，它提供对标准和自定义视图和三维投影的访问。标准视图和三维投影有俯视、仰视、左视、右视、前视、后视、西南等轴测、东南、东北、西北等。默认为"俯视"。单击视图控件（"俯视"）可进行切换。在三维绘图时常选用一个等轴测视图，在下面的绘图中如没有特别说明，则选用东南等轴测视图。按住〈Shift〉键同时按下鼠标滚轮拖动可自定义视图方向。

3. 切换视觉样式控件

视觉样式控件也在 CAD 绘图区左上角，它提供对标准和自定义视觉样式的访问。标准的视觉样式有二维线框、概念、隐藏、真实、着色、带边缘着色、灰度、勾画、线框、X 射线等。默认为"二维线框"，单击视觉控件（"二维线框"）可进行切换。

**二、长方体的绘制**

在命令窗口中输入命令 BOX 或依次单击"创建"面板→"长方体"→，此时命令行显

示如下提示:
　　　　指定第一个角点或[中心(C)]:
　　在创建长方体时,其底面应与当前坐标系的XY平面平行,方法主要有指定长方体角点和中心点两种。
　　方法一:指定长方体角点。
　　默认情况下,可以根据长方体角点位置创建长方体。当在绘图窗口中指定了角点后,命令行将显示如下提示:
　　　　指定角点或[立方体(C)/长度(L)]:
　　(1)指定长方体的三个角点。
　　① 指定底面第一个角点的位置。
　　② 指定底面对角点的位置。
　　③ 指定高度。
　　(2)指定长方体三条边的长度。
　　① 在命令行中输入L,然后按回车键。
　　② 指定长方体的长。
　　③ 指定长方体的宽。
　　④ 指定长方体的高。
　　(3)绘制立方体。
　　① 在命令行中输入"C",然后按回车键。
　　② 指定立方体的边长。
　　方法二:指定中心点。
　　执行了绘制长方体命令,命令行显示如下提示:
　　　　指定第一个角点或[中心(C)]:
　　若输入"C",则可以根据长方体的中心点位置创建长方体。其他与指定长方体角点的过程相同。

【实战演练1】 绘制边长为30的立方体块
　　① 绘制边长为30的立方体,绘制好的立方体如图11-3所示。
　　　　命令:_box
　　　　指定第一个角点或[中心(C)]:
　　　　　　　　　　//在合适位置单击鼠标左键
　　　　指定其他角点或[立方体(C)/长度(L)]:c
　　　　　　　　　　//输入"c",选择立方体方式
　　　　指定长度:30
　　　　　　　　　　//鼠标指定高度方向,输入立方体的边长30

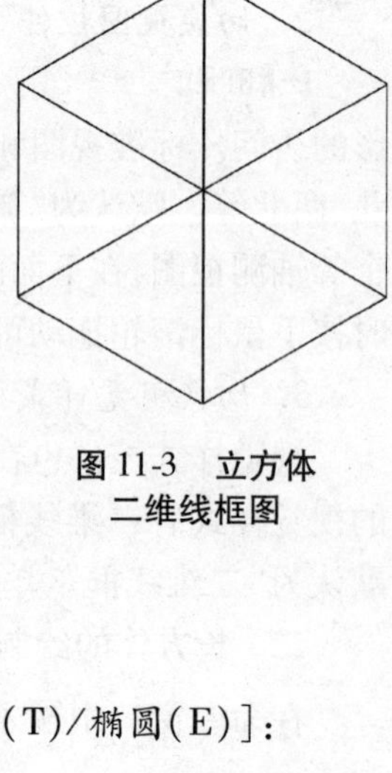

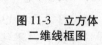

图11-3　立方体二维线框图

　　② 绘制串孔圆柱体:圆柱体直径为6,长度为30,绘制好的圆柱体如图11-4所示。
　　　　命令:_cylinder 或单击 圆柱体
　　　　指定底面的中心点或[三点(3P)/两点(2P)/切点、切点、半径(T)/椭圆(E)]:

　　　　　　　　　　　　　　　//指定圆柱的中心,如图11-5所示捕捉立方体顶面的中心
指定底面半径或［直径(D)］<2.0000>:3
　　　　　　　　　　　　　　　//输入圆柱半径
指定高度或［两点(2P)/轴端点(A)］<30.0000>:
　　　　　　　　　　　　　　　//鼠标指定方向,输入圆柱长度30

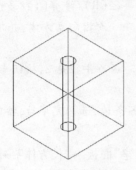 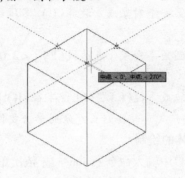

图11-4　绘制好的圆柱体　　　　图11-5　捕捉立方体顶面的中心

③ 使用布尔运算,单击"编辑"面板中的"差集",如图11-6所示。

图11-6　布尔运算面板

命令:_subtract 选择要从中减去的实体、曲面和面域……
　　　　　　　　　　　　　　　//指向立方体并单击鼠标
选择对象:找到1个　　　　　　//右击鼠标
选择对象:选择要减去的实体、曲面和面域……
　　　　　　　　　　　　　　　//指向圆柱体并单击鼠标
选择对象:找到1个　　　　　　//右击鼠标
切换到真实模式,结果如图11-7所示。

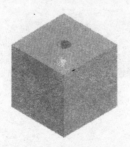 

图11-7　立方体中的圆柱孔　　　图11-8　立方体块

④ 倒圆角。绘制好的立方体块如图11-8所示。

```
命令:_fillet
当前设置: 模式 = 修剪, 半径 = 0.0000
选择第一个对象或 [放弃(U)/多段线(P)/半径(R)/修剪(T)/多个(M)]: r
                                              //输入"r",选择半径方式
指定圆角半径 <2.0000>:2                        //输入圆角半径2
选择第一个对象或 [放弃(U)/多段线(P)/半径(R)/修剪(T)/多个(M)]:
                                              //指向立方体,并单击选择
输入圆角半径或 [表达式(E)] <2.0000>:
                                              //半径是2,按回车键确认
选择边或 [链(C)/环(L)/半径(R)]:
            //分别单击要倒圆的各条边,选择完毕后,按回车键结束
```

### 三、圆柱体的绘制

在命令窗口中输入命令 cylinder 或 依次单击"创建"面板→"长方体"→。

圆柱体绘制命令有三种方式:
① 以圆底面和高度创建实体圆柱体。
② 以椭圆底面和高度创建实体圆柱体。
③ 采用指定高度(轴端点)和旋转的实体圆柱体。

其基本步骤是绘制底面圆或椭圆,指定高度或轴端点。其中绘制圆或椭圆的方法与二维绘图相同,这里不再细述。

【实战演练2】 绘制直径为30、高为40的圆柱体块
① 绘制直径为30、高为40的圆柱体。

图11-9 圆柱体块

```
命令:_cylinder
指定底面的中心点或 [三点(3P)/两点(2P)/切点、切点、半径(T)/椭圆(E)]:
                                              //在合适的位置单击
指定底面半径或 [直径(D)]: d                    //选择输入直径方式
指定直径: 30                                  //输入底面圆直径
指定高度或 [两点(2P)/轴端点(A)]: 40            //输入圆柱体高度
```
② 绘制串孔圆柱体:圆柱体直径为6,长度为40。
③ 使用布尔运算。
④ 倒圆角,绘制好的圆柱体块如图11-9所示。

### 四、圆锥体的绘制

在命令窗口中输入命令 CONE 或依次单击"创建"面板→"长方体"
→ 。

圆锥体绘制命令有四种方式:
① 以圆底面创建圆锥体。
② 以椭圆底面创建圆锥体。
③ 创建圆台。

④ 创建由轴端点指定高度和方向的圆锥体。

其基本绘制步骤是绘制底面圆或椭圆,指定高度,若是绘制圆台,则在指定高度前要指定顶面圆的半径或直径。

【实战演练3】 绘制直径为30、高为40的圆锥体块

① 绘制直径为30、高为40的圆锥体。

  命令:_cone

  指定底面的中心点或[三点(3P)/两点(2P)/切点、切点、半径(T)/椭圆(E)]:
                          //在合适的位置单击

  指定底面半径或[直径(D)]<0.0000>:d  //选择输入直径方式

  指定直径<0.0000>:30  //输入底面圆直径

  指定高度或[两点(2P)/轴端点(A)/顶面半径(T)]<0.0000>:40
                          //输入圆锥体高度

② 绘制串孔圆柱体:圆柱体直径为6,长度为40。

③ 使用布尔运算。

④ 倒圆角,绘制好的圆柱体块如图11-10所示。

**五、球体的绘制**

在命令窗口中输入命令 SPHERE 或 依次单击"创建"面板→"长方体"→ 。

创建实体球体,其绘制步骤是指定球体的中心,指定球体的半径或直径。

图11-10 圆锥体块

【实战演练4】 绘制直径为30的球体块

① 绘制直径为30的球体。

  命令:_sphere

  指定中心点或[三点(3P)/两点(2P)/切点、切点、半径(T)]:
                          //在合适的位置单击

  指定半径或[直径(D)]<0.0000>:d  //选择输入直径方式

  指定直径<0.0000>:30  //输入球体直径

② 绘制串孔圆柱体:圆柱体直径为6,长度为40。因为球体没有底平面,所以以球心作为串孔圆心,需分别绘制两个长度为20的圆柱体,如图11-11所示。

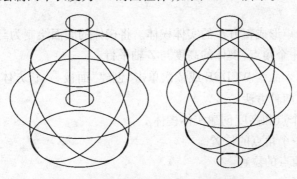

图11-11 绘制两个长度为20的圆柱体

③ 使用布尔运算。

命令：_subtract 选择要从中减去的实体、曲面和面域……

                  //单击选择球体

选择对象：找到 1 个

选择对象：              //右击鼠标

选择要减去的实体、曲面和面域……    //单击选择第一个圆柱

选择对象：找到 1 个         //单击选择第二个圆柱

选择对象：找到 1 个，总计 2 个

选择对象：              //右击鼠标结束

④ 倒圆角，完成的球体块如图 11-12 所示。

### 六、圆环体的绘制

在命令窗口中输入命令 TORUS 或 依次单击"创建"面板→"长方体"→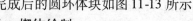。

圆环体具有两个半径值：一个值定义圆管；另一个值定义从圆环体的圆心到圆管的圆心之间的距离。默认情况下，圆环体将绘制为与当前 UCS 的 XY 平面平行，且被该平面平分。

圆环体可以自交。自交的圆环体没有中心孔，因为圆管半径大于圆环体半径。

图 11-12　球体块

**【实战演练 5】** 绘制直径为 18、管直径为 12 的圆环体块

命令：_torus

指定中心点或 [三点(3P)/两点(2P)/切点、切点、半径(T)]：

          //在合适的位置单击

指定半径或 [直径(D)] <0.0000>：d

          //选择输入直径方式

指定圆环体的直径 <0.0000>：18 //输入圆环直径

指定圆管半径或[两点(2P)/直径(D)] <0.0000>：=d

          //选择输入直径方式

指定圆管直径 <0.0000>：12 //输入圆管直径

完成后的圆环体块如图 11-13 所示。

图 11-13　圆环体块

### 七、楔体绘制

楔体指创建面为矩形或正方形的实体楔体。将楔体的底面绘制为与当前 UCS 的 XY 平面平行，斜面正对第一个角点，楔体的高度与 Z 轴平行。

在命令窗口中输入命令 WEDGE 或依次单击"创建"面板→"长方体"→。

球体绘制命令有两种方法：

方法一：基于两个点和高度创建实体楔体。

① 指定底面第一个角点的位置。

② 指定底面对角点的位置。

③ 指定楔形高度。

方法二：创建长度、宽度和高度均相等的实体楔体。
① 指定第一个角点或输入 C(中心点)以设定底面的中心点。
② 在命令提示下，输入 C(立方体)指定楔体的长度和旋转角度。

【实战演练6】 绘制边长为30、高度为30的楔体块
① 绘制边长为30、高度为30的楔体。
方法一：
    命令：_wedge
    指定第一个角点或［中心(C)］：　　　　//在合适位置单击
    指定其他角点或［立方体(C)/长度(L)］：@30,30
                                         //输入底面矩形对角点坐标
    指定高度或［两点(2P)］＜30.0000＞：30
                //鼠标指定高度方向，输入高度30
方法二：
    命令：_wedge
    指定第一个角点或［中心(C)］：
              //在合适位置单击
    指定其他角点或［立方体(C)/长度(L)］：c
              //输入c，使用立方体方式
    指定长度 ＜30.0000＞：30
              //鼠标指定底面旋转方向，输入高度30

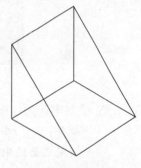

图 11-14　楔体

② 将直角三角形设置为 XY 面的用户坐标系。单击坐标栏中的用户坐标系(三点)，在展开的可选项中单击面，如图 11-15 所示。

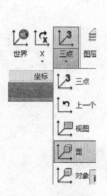

图 11-15　坐标系

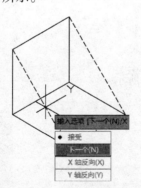

(a)虚线面不是所需平面

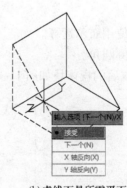

(b)虚线面是所需平面

图 11-16　选择坐标面

③ 单击平面所在的一条边，虚线所在的面若不是想设为用户坐标系的面，则单击"下一个"，如图 11-16(a)所示。若已是想设为用户坐标系的面，则单击"接受"，如图 11-16(b)所示。

④ 设置三维捕捉，右击状态栏中的"三维捕捉"按钮，单击"设置…"，在打开的对话框中勾选"面中心"，如图 11-17 所示。

图 11-17　设置三维捕捉

⑤ 绘制串孔圆柱体：圆柱体直径为 6，长度为 40。

命令：_cylinder

指定底面的中心点或[三点(3P)/两点(2P)/切点、切点、半径(T)/椭圆(E)]：

　　　　　　　　　　　　　　　　　　　　//捕捉面中心如图 11-18 所示

指定底面半径或[直径(D)]<0.0000>：d　　//直径方式

指定直径<0.0000>：6　　　　　　　　　　//输入直径 6

指定高度或[两点(2P)/轴端点(A)]<30.0000>：30

　　　　　　　　　　　　　　　　　　　　//输入高度 30

⑥ 使用布尔运算。

⑦ 倒圆角。

完成后的楔体块如图 11-19 所示。

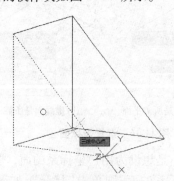

图 11-18　捕捉三维面中心

图 11-19　楔体块

## 任务二　绘制儿童滑梯玩具——构件建模

如图 11-20 所示为大型儿童游乐玩具,这是一款适合于幼儿玩耍的滑梯,由平台、立柱、直滑梯、旋转滑梯、栏杆、台阶、装饰物等构成。滑梯是儿童较为喜欢的玩具,在玩耍的过程中可锻炼儿童的胆量、成就感和协调能力等。

图 11-20　儿童滑梯玩具

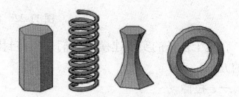
图 11-21　拉伸、扫掠、放样和旋转

从年龄及安全方面考虑,平台高度在 1m 左右,滑梯的宽度在 0.7m 左右,直滑梯的角度为 30°,旋转滑梯的直径为 1.5m 左右,栏杆高度为 0.8m,立柱直径为 10cm。

在 AutoCAD 2014 中,提供了从几何图形创建曲面或实体的方法,如拉伸、扫掠、放样和旋转时可以创建实体和曲面。开放曲线总是创建曲面,而闭合曲线将根据具体设置创建实体或曲面。闭合曲线并拉伸、扫掠、放样或旋转对象,如果"模式"选项设定为"实体",则会创建实体;如果"模式"选项设置为"曲面",则会创建曲面,如图 11-21 所示。

在 AutoCAD 2014 中,也可以从二维几何图形或其他三维对象创建三维实体。例如,可以通过在三维空间中沿指定路径拉伸二维形状来获取三维实体,方法包括扫掠、拉伸、旋转、放样、剖切、曲面造型和转换等。用这些方法可以制作游乐玩具的各组成部分。

扫掠:沿某个路径延伸二维对象。
拉伸:沿垂直方向将二维对象的形状延伸到三维空间。
旋转:绕轴扫掠二维对象。
放样:在一个或多个开放或闭合对象之间延伸形状的轮廓。
剖切:将一个实体对象分为两个独立的三维对象。
曲面造型:转换和修剪一组封闭某个无间隙区域的曲面,使其成为实体。
转换:将具有一定厚度的网格对象和平面对象转换为实体和曲面。

AutoCAD 2014 三维建模的方法是积点成线,积线成面,积面成体。可以在拉伸、扫掠、放样和旋转时用作轮廓和导向曲线的曲线包括:

◇ 开放的或闭合的轮廓和曲线;
◇ 平面或非平面;
◇ 实体边和曲面边;

◇ 单个对象（为了拉伸多条线，使用 JOIN 命令将其转换为单个对象）；
◇ 单个面域（为了拉伸多个面域，使用 REGION 命令将其转换为单个对象）。

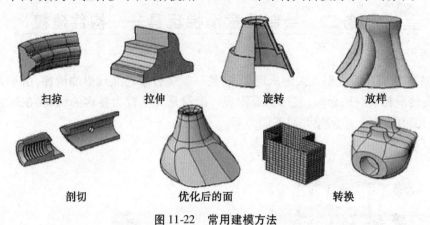

扫掠　　　　　拉伸　　　　　旋转　　　　　放样

剖切　　　　优化后的面　　　　转换

图 11-22　常用建模方法

在这个任务的实体建模中我们采用将封闭曲线构成面域，然后进行拉伸、扫掠、放样、旋转的方法。

## 一、拉伸

在拉伸操作之前，要绘制好平面形状。拉伸的操作步骤如下：

① 执行 EXTRUDE 命令或依次单击"实体"选项卡→"实体"面板→"拉伸" 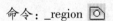。

② 选择要拉伸的对象。

③ 指定高度。

④ 拉伸后删除还是保留原对象，取决于 DELOBJ 系统变量的设置。

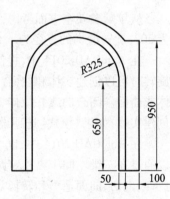

【实战演练1】　绘制直滑梯门

① 绘制拉伸平面图形，将视图切换到前视图，绘制如图 11-23 所示的二维图形。

② 建立面域一，视图切换到东南等轴测视图。

图 11-23　直滑梯门二维图形

命令：_region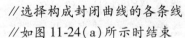

选择对象：　　　　　　　　　　　　　//选择构成封闭曲线的各条线

选择对象：……总计 11 个　　　　　//如图 11-24(a)所示时结束

已提取 1 个环

已创建 1 个面域

③ 提取面域的边，构成封闭曲线的各条线在建成面域后成为面域的一部分，若还要用这些线条，则需从面域中提取。在实体编辑工具面板中单击 ，按提示完成操作。

④ 建立面域二，用同步骤②同样的方法可建立面域，如图 11-24(b)所示。

项目十一　三维模型绘图实例

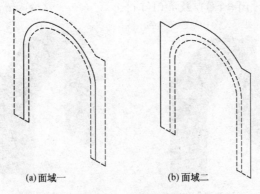

(a)面域一　　　　　　(b)面域二

图 11-24　建立面域

⑤ 拉伸面域一,如图 11-25(a)所示。

⑥ 用同样的方法可拉伸出面域二,注意输入拉伸高度,方向向前,长度为 200,如图 11-25(b)所示。

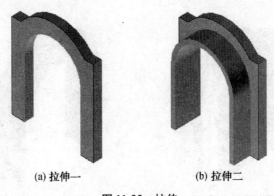

(a)拉伸一　　　　　　(b)拉伸二

图 11-25　拉伸

命令:_extrude

当前线框密度:ISOLINES=4,闭合轮廓创建模式=实体

选择要拉伸的对象或[模式(MO)]:mo

闭合轮廓创建模式[实体(SO)/曲面(SU)]＜实体＞:so

选择要拉伸的对象或[模式(MO)]:找到1个　　　//选择面域一

选择要拉伸的对象或[模式(MO)]:　　　　　　//按回车键或空格键确认

指定拉伸的高度或[方向(D)/路径(P)/倾斜角(T)/表达式(E)]＜-50.0000＞:

　　100　　　　　　　　　　　　　　　　　//方向向后,输入100

⑦ 绘制平面图形。

命令:_line

　　指定第一个点:　　　　　　　　　　　　//捕捉端点

　　指定下一点或[放弃(U)]:　　　　　　　//捕捉下边缘的中点

　　指定下一点或[放弃(U)]:600　　　　　//追踪垂直方向,输入600

　　指定下一点或[闭合(C)/放弃(U)]:　　　//追踪端点和中点,如图11-26(a)所示

指定下一点或 [闭合(C)/放弃(U)]: c        //输入 c 闭合

(a) 追踪端点和中点        (b) 封闭图形

图 11-26  拉伸

⑧ 建立面域三,将刚才绘制的封闭图形建立为面域三,如图 11-26(b)所示。

⑨ 拉伸面域三时,注意输入拉伸高度时捕捉左前端的端点,如图 11-27 所示为完成后的概念视图。

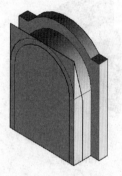 

图 11-27  拉伸三        图 11-28  滑梯门

⑩ 进行布尔运算,拉伸二和拉伸三求差集,再与拉伸一合并,完成后的滑梯门如图 11-28所示。

二、旋转

在旋转操作之前,要绘制好截面形状。旋转的操作步骤如下:

① 执行 REVOLVE 命令或依次单击"实体"选项卡→"创建"面板→"旋转"。

② 选择要旋转的闭合对象。

③ 设置旋转轴,请指定以下各项之一:

● 起点和端点:单击屏幕上的点以设定轴方向。轴点必须位于旋转对象的一侧。轴的正方向为从起点延伸到端点的方向。

● X、Y 或 Z 轴:输入 x、y 或 z。

● 一个对象:选择直线、多段线线段的线性边或曲面或实体的线性边。

④ 按〈Enter〉键。要创建三维实体,角度必须为 360°。如果输入更小的旋转角度,则会创建曲面而不是实体。

## 项目十一 三维模型绘图实例

【实战演练2】 绘制立柱

① 绘制旋转截面,并建立面域,使用直线绘制旋转截面,如图11-29所示。

② 旋转,完成的立柱如图11-30所示。

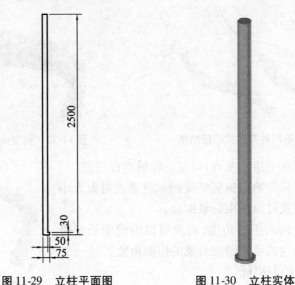

图 11-29 立柱平面图　　　　图 11-30 立柱实体

命令: _revolve

当前线框密度: ISOLINES = 4,闭合轮廓创建模式 = 实体

选择要旋转的对象或 [模式(MO)]: mo 闭合轮廓创建模式 [实体(SO)/曲面
　(SU)] <实体>: so　　　　　　　　　　　//选择旋转截面

选择要旋转的对象或 [模式(MO)]: 指定对角点: 找到 1 个

　　　　　　　　　　　　　　　　　　　　　//按回车键确认

指定轴起点或根据以下选项之一定义轴 [对象(O)/X/Y/Z] <对象>:

　　　　　　　　　　　　　　　　　　　　　//捕捉左侧直线的一个端点

指定轴端点:　　　　　　　　　　　　　　　//捕捉左侧直线的另一个端点

指定旋转角度或 [起点角度(ST)/反转(R)/表达式(EX)] <360>:

　　　　　　　　　　　　　　　　　　　　　//按回车键确认

### 三、扫掠

扫掠 SWEEP 命令通过沿指定路径延伸轮廓形状(被扫掠的对象)来创建实体或曲面。沿路径扫掠轮廓时,轮廓将被移动并与路径垂直对齐。开放轮廓可创建曲面,而闭合轮廓可创建实体或曲面。可以沿路径扫掠多个轮廓对象。

在扫掠操作之前,要绘制好扫掠对象和扫掠路径。

扫掠的操作步骤如下:

① 执行 SWEEP 命令或依次单击"实体"选项卡→"实体"面板→"扫掠"。

② 选择要扫掠的对象,并按〈Enter〉键。

③ 选择对象或边子对象作为扫掠路径。

④ 扫掠以后,删除或保留源对象,这取决于 DELOBJ 系统变量的设置。

扫掠对象时,可以指定以下任意一个选项:

(1) 模式。设定扫掠是创建曲面还是实体。

(2) 对齐。如果轮廓与扫掠路径不在同一平面上,须指定轮廓与扫掠路径对齐的方式。

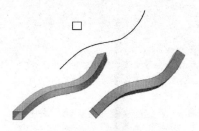

图 11-31　不同对齐方式扫掠结果

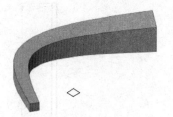

图 11-32　指定比例扫掠结果

(3) 基点。在轮廓上指定基点,以便沿轮廓进行扫掠。

(4) 比例。指定从开始扫掠到结束扫掠将更改对象大小的值。输入数学表达式可以约束对象缩放。

(5) 扭曲。通过输入扭曲角度,对象可以沿轮廓长度进行旋转。输入数学表达式可以约束对象的扭曲角度。

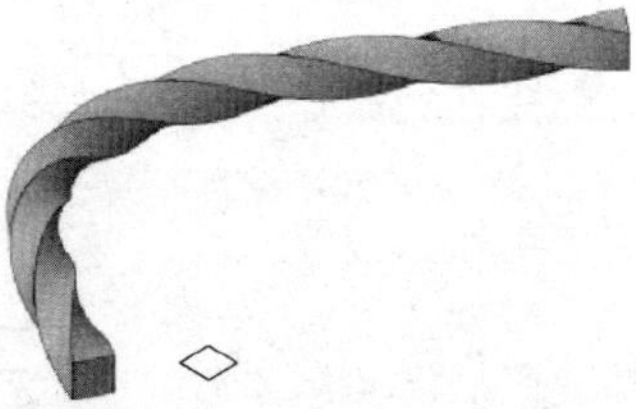

图 11-33　指定扭曲角度
扫掠结果

【实战演练3】　绘制栏杆

① 绘制扫掠曲线,首先切换到世界坐标系,绘制直线。

命令:_line

指定第一个点:　　　　　　　　　　　　//起点单击

指定下一点或 [放弃(U)]: 250　　　　　//追踪 Y 轴方向,输入长度 250

指定下一点或 [放弃(U)]: 900　　　　　//追踪 X 轴方向,输入长度 900

指定下一点或 [闭合(C)/放弃(U)]: 500

　　　　　　　　　　　　　　　　　　　//追踪 Z 轴方向向下,输入长度 500

指定下一点或 [闭合(C)/放弃(U)]: 350

　　　　　　　　　　　　　　　　　　　//追踪 X 轴方向向内,输入长度 350

指定下一点或 [闭合(C)/放弃(U)]: 300

　　　　　　　　　　　　　　　　　　　//追踪 Z 轴方向向下,输入长度 350

② 执行倒圆角命令,首尾两处圆角半径为 50,其他圆角半径为 100,如图 11-34 所示。

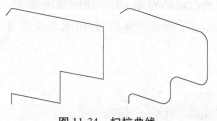

图 11-34　扫掠曲线

(a)"修改"面板

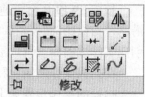

(b) 展开的"修改"面板

图 11-35　修改面板

③ 合并对象,展开"修改"面板,使用其中的合并对象命令合并,如图 11-35 所示,已将 11 个对象转换为 1 条样条曲线。

命令:_join
选择源对象或要一次合并的多个对象: //选择要合并的线条,如图 11-36 所示
④ 用同样的方法将如图 11-36 所示的线条合并。

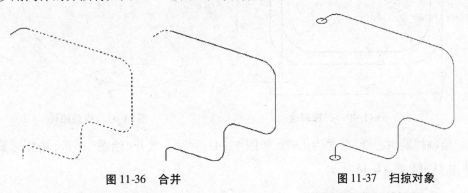

图 11-36　合并　　　　　　　　　　　图 11-37　扫掠对象

⑤ 绘制扫掠对象,在首尾两个端点分别绘制半径为 30 的圆,如图 11-37 所示。
⑥ 扫掠,结果如图 11-38 所示。

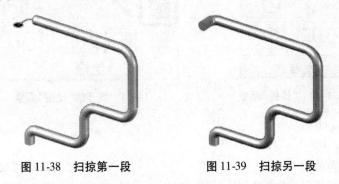

图 11-38　扫掠第一段　　　　　　　　图 11-39　扫掠另一段

命令:_sweep
当前线框密度: ISOLINES = 4,闭合轮廓创建模式 = 实体
选择要扫掠的对象或 [模式(MO)]:_mo 闭合轮廓创建模式 [实体(SO)/曲
　　面(SU)] <实体>: so　　　　　　　　　　　　　　//单击圆
选择要扫掠的对象或 [模式(MO)]:找到 1 个
选择要扫掠的对象或 [模式(MO)]:　　　　　　　　　　//回车确认
选择扫掠路径或 [对齐(A)/基点(B)/比例(S)/扭曲(T)]://单击一条路径线
　　　　　　　　　　　　　　　　　　　　　　　　　　//按回车键结束

⑦ 用同样的方法扫掠出另外一段,如图 11-39 所示。
⑧ 使用并集将两段实体合并。

【实战演练 4】　绘制旋转滑梯螺旋部分
① 切换到右视图,使用直线、倒圆角等绘制扫掠对象,并建立面域,如图 11-40 所示。

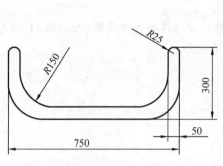

图 11-40 扫掠对象　　　　　　　　图 11-41 螺旋路径

② 绘制螺旋中心线,高度为 1300,如图 11-41 所示。展开"绘图"面板,选择螺旋命令
,如图 11-42、图 11-43 所示。

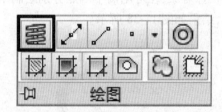

图 11-42 "绘图"面板　　　　　　11-43 展开的"绘图"面板

命令: _helix  
圈数 =1.0000　　扭曲 =CCW  
指定底面的中心点:　　　　　　　　　　　　　　//捕捉螺旋中心线端点  
指定底面半径或[直径(D)] <0.0000>: 425　　　//输入 425  
指定顶面半径或[直径(D)] <425.0000>:　　　　//按回车键确认  
指定螺旋高度或[轴端点(A)/圈数(T)/圈高(H)/扭曲(W)] <1000.0000>: t  
　　　　　　　　　　　　　　　　　　　　　　//准备指定螺旋圈数  
输入圈数 <1.0000>: 1　　　　　　　　　　　　//1 圈  
指定螺旋高度或[轴端点(A)/圈数(T)/圈高(H)/扭曲(W)] <1000.0000>:1000  
　　　　　　　　　　　　　　　　　　　　　　//输入高度 1000  

③ 扫掠,如图 11-44 所示。

命令: _sweep  
当前线框密度: ISOLINES =4,闭合轮廓创建模式 = 实体  
选择要扫掠的对象或 [模式(MO)]: mo 闭合轮廓创建  
　　模式 [实体(SO)/曲面(SU)] <实体>: so  
选择要扫掠的对象或 [模式(MO)]: 找到 1 个  
　　　　　　　　　　　　　　//选择扫掠对象  
选择要扫掠的对象或 [模式(MO)]:　　//按回车键  

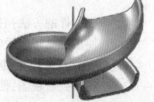

图 11-44 旋转滑梯

选择扫掠路径或［对齐(A)/基点(B)/比例(S)/扭曲(T)］: //选择螺旋路径
选择扫掠路径或［对齐(A)/基点(B)/比例(S)/扭曲(T)］: //回车结束

### 四、放样

放样通过在包含两个或更多横截面轮廓的一组轮廓中对轮廓进行放样来创建三维实体或曲面。横截面轮廓可定义所生成的实体对象的形状。横截面轮廓可以是开放曲线或闭合曲线。开放曲线可创建曲面,而闭合曲线可创建实体或曲面,如图 11-45 所示。

图 11-45　放样操作

在放样操作之前,要绘制各横截面轮廓,若有放样路径,则还要绘制好放样路径。

放样的操作步骤如下:

① 执行 LOFT 命令或依次单击"实体"选项卡→"实体"面板→"放样" 。

② 在绘图区域中,选择横截面轮廓并按〈Enter〉键(按照希望新三维对象通过横截面的顺序选择这些轮廓)。

③ 执行以下操作之一:

● 仅使用横截面轮廓。再次按〈Enter〉键或输入 C(仅横截面)。

● 在"放样设置"对话框中,修改用于控制新对象的形状的选项。单击"预览更改"对话框,在进行更改时预览所做的更改。

● 完成后,单击"确定"按钮。

④ 遵循导向曲线。输入 g(导向曲线)。选择导向曲线,然后按〈Enter〉键。

⑤ 遵循路径。输入 p(路径)。选择路径,然后按〈Enter〉键。

⑥ 放样操作后删除还是保留源对象,取决于 DELOBJ 系统变量的设置。

放样选项如下:

(1) 模式。设定放样是创建曲面还是实体。

(2) 横截面轮廓。选择一系列横截面轮廓以定义新三维对象的形状。

创建放样对象时,可以通过指定轮廓穿过横截面的方式调整放样对象的形状(如尖锐或平滑的曲线)。也可以过后在"特性"选项板中修改设置,如图 11-46 所示。

(a) 直纹　　　　　(b) 平滑拟合　　　　(c) 与所有截面垂直

图 11-46　放样选项

(3)路径。为放样操作指定路径,以更好地控制放样对象的形状。为获得最佳结果,路径曲线应始于第一个横截面所在的平面,止于最后一个横截面所在的平面,如图 11-47 所示。

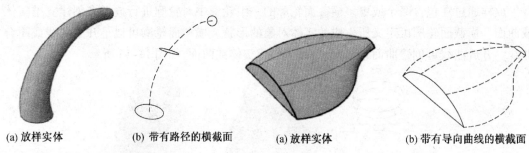

(a) 放样实体　　(b) 带有路径的横截面　　(a) 放样实体　　(b) 带有导向曲线的横截面

图 11-47　放样路径　　　　　　　　图 11-48　导向曲线

(4)导向曲线。指定导向曲线,以与相应横截面上的点相匹配。此方法可防止出现意外结果,如结果三维对象中出现皱褶,如图 11-48 所示。

每条导向曲线必须满足以下条件:与每个横截面相交、始于第一个横截面、止于最后一个横截面。

【实战演练 5】　绘制旋转滑梯其他部分

① 建立放样面 1,单击实体编辑面板中的"提取边"命令 ⬚,单击旋转滑梯,将端面建成面域,如图 11-49 所示。

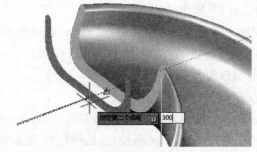

图 11-49　建端面面域　　　　　　　　图 11-50　追踪

② 建立放样面 2,复制旋转滑梯的扫掠对象,并放置在同一底面,与放样面 1 底边的距离为 300。

```
命令:_copy
选择对象:找到 1 个                              //选择截面
选择对象:                                      //面域下面直线的中点
指定基点或 [位移(D)] <位移>:                    //追踪如图 11-50 所示
指定第二个点或 <使用第一个点作为位移>:          //输入距离 300
```

③ 放样,如图 11-51 所示。

```
命令:_loft
当前线框密度:ISOLINES = 4,闭合轮廓创建模式 = 实体
```

按放样次序选择横截面或［点(PO)/合并多条边(J)/模式(MO)］：mo 闭合
　轮廓创建模式［实体(SO)/曲面(SU)］<实体>：so　　//选择两个横截面
按放样次序选择横截面或［点(PO)/合并多条边(J)/模式(MO)］：指定对角
　点：找到 2 个　　　　　　　　　　　　　　　　　　//确认
输入选项［导向(G)/路径(P)/仅横截面(C)/设置(S)/连续性(CO)/凸度幅
　值(B)］<仅横截面>　　　　　　　　　　　　　　　//确认

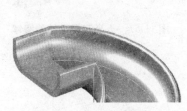  

图 11-51　放样上端　　　　图 11-52　放样下端　　　　图 11-53　完成的旋转滑梯

④ 用同样的方法,可以放样另一边,如图 11-52 所示。
⑤ 绘制直径为 100、高为 1300 的圆柱体,圆柱底圆中心选择螺旋中心线的端点,如图 11-53 所示。

**课后练习**

(1) 通过拉伸绘制平台。
平台尺寸为 1200×1200,厚度为 50,圆直径为 100,如图 11-54 所示。

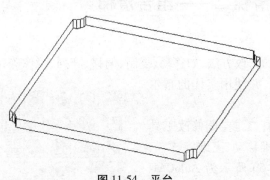 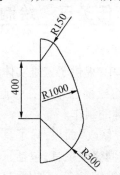

图 11-54　平台　　　　　　　　图 11-55　草莓旋转截面与实体

(2) 使用旋转绘制装饰物。
① 绘制草莓,草莓的旋转截面如图 11-55 所示。
② 绘制玉米如图 11-56 所示,旋转截面、花瓣,参考尺寸如图 11-56～图 11-58 所示,提示分别绘制玉米和花瓣,然后用布尔运算的交集完成。
(3) 使用扫掠、放样等绘制直滑梯,如图 11-59 所示。

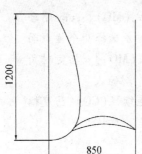  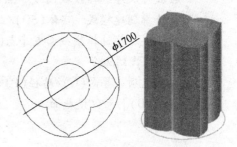

图 11-56　玉米旋转截面及实体　　　　　图 11-57　玉米花瓣及拉伸实体

图 11-58　完成的玉米实体　　　　　图 11-59　完成的直滑梯实体

## 任务三　绘制滑梯二——组合滑梯

在 AutoCAD 2014 中，提供了三维实体的修改方法，如移动、复制、偏移、阵列、镜像等，用这些编辑方法可将各组成部分结合在一起，并使用实体的布尔编辑方法完成组合实体的制作。

AutoCAD 2014 的"修改"面板，除了具有二维空间修改工具外，还有专门的三维空间修改工具，包括三维移动、三维旋转、三维镜像、三维对齐、三维缩放等。如图 11-60 所示为 AutoCAD 2014 三维建模"修改"面板。

图 11-60　"修改"面板

### 一、三维移动

三维对象移动指沿平面或轴移动三维对象，操作步骤如下：

① 依次单击"常用"选项卡→"修改"面板→"三维移动" 。

② 通过以下方法选择要移动的对象和子对象：
- 按住〈Ctrl〉键选择子对象（面、边和顶点）。
- 释放〈Ctrl〉选择整个对象。

注意：如果子对象过滤器处于活动状态，则不需要按〈Ctrl〉键选择子对象。若要选择整个对象,请关闭过滤器。

③ 选中所有对象后,按〈Enter〉键。

选定的对象的中心处将显示移动小控件。

④ 执行以下操作之一:

● 沿平面移动选定对象:将光标在平面矩形上移动,该矩形与定义约束平面的轴控制柄相交。矩形变为黄色后,单击该矩形。

● 沿轴移动选定对象:在小控件的轴控制柄上移动光标,直至其变为黄色并显示矢量。然后单击轴控制柄。

⑤ 要移动选区,请拖动并释放,或者在按住鼠标按钮的同时输入一个距离。

二、三维对齐

对齐操作可以为源对象指定一个、两个或三个点,然后可为目标指定一个、两个或三个点。

如图 11-61 所示,在三维中对齐两个对象的操作步骤如下:

① 依次单击"常用"选项卡→"修改"面板→"三维对齐"。

② 选择要对齐的对象(1)。

③ 指定第一个(2)、第二个(3)或第三个(4)源点,然后指定相应的第一(5)、第二(6)或第三(7)个目标点。第一个点称为基点。

选定的对象将从源点移动到目标点,如果指定了第二点和第三点,则这两点将旋转并倾斜选定的对象。

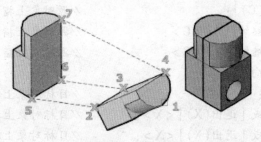

图 11-61 三维对齐

【实战演练1】 放置平台

操作步骤如下:

① 复制平台,如图 11-62 所示。

图 11-62 复制平台

命令：_copy 或"修改"面板中的

选择对象：找到 1 个　　　　　　　　　　　　//选择平台实体
选择对象：　　　　　　　　　　　　　　　　//确认
当前设置：复制模式 = 多个
指定基点或 [位移(D)/模式(O)] <位移>：　　//捕捉平台上的一个点
指定第二个点或 [阵列(A)] <使用第一个点作为位移>：
　　　　　　　　　　　　　　　　　　　　//单击放置第一个复制对象
指定第二个点或 [阵列(A)/退出(E)/放弃(U)] <退出>：
　　　　　　　　　　　　　　　　　　　　//单击放置第二个复制对象
指定第二个点或 [阵列(A)/退出(E)/放弃(U)] <退出>：
　　　　　　　　　　　　　　　　　　　　//按回车键或空格键结束

② 对齐平台。

命令_3dalign 或"修改"面板中的 。

关于源对象及其三个点和目标对象及其对应三个点如图 11-63 所示，对齐操作的结果如图 11-64 所示。

命令：_3dalign
选择对象：找到 1 个　　　　　　　　　　　//单击一个平台作为源对象
选择对象：　　　　　　　　　　　　　　　//确认
指定源平面和方向……
指定基点或 [复制(C)]：　　　　　　　　　//源对象上指定第一点
指定第二个点或 [继续(C)] <C>：　　　　//源对象上指定第二点
指定第三个点或 [继续(C)] <C>：　　　　//源对象上指定第三点
指定目标平面和方向……
指定第一个目标点：　　　　　　　　　　　//目标对象上指定对应第一点
指定第二个目标点或 [退出(X)] <X>：　　//目标对象上指定对应第二点
指定第二个目标点或 [退出(X)] <X>：　　//目标对象上指定对应第三点
指定第三个目标点或 [退出(X)] <X>：　　//结束

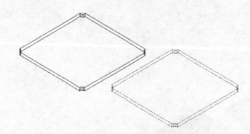

图 11-63　选择源对象

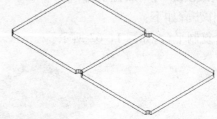

图 11-64　对齐操作结果

③ 移动。

命令：_3dmove 或"修改"面板中的

选择对象：找到1个　　　　　　　　//选择右边一个平台
选择对象：　　　　　　　　　　　//确认后，打开三维移动小控件，如图11-65所示
指定基点或［位移(D)］＜位移＞：
　　　　　　　　　　　//指向垂直方向箭头，变为黄色时单击，如图11-66所示
指定移动点 或［基点(B)/复制(C)/放弃(U)/退出(X)］：50
　　　　　　　　　　　//方向指向上，输入移动距离50

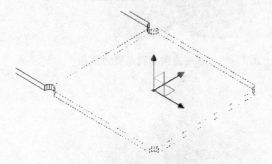
图11-65　三维移动控件

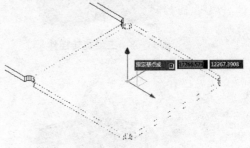
图11-66　垂直方向箭头变为黄色

④ 完成后的平台如图11-67所示。用同样的方法复制和移动立柱、旋转滑梯、直滑梯、栏杆、草莓、玉米。

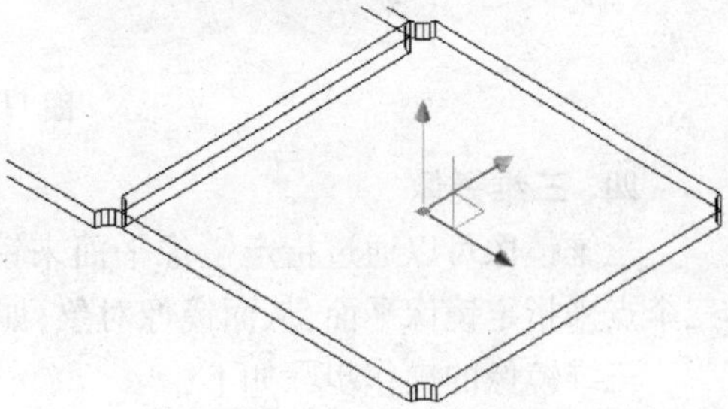

### 三、三维旋转

沿轴旋转三维对象，操作步骤如下：
① 依次单击"常用"选项卡→"修改"面板→"三维旋转" 或命令3drotate。
② 通过以下方法选择要旋转的对象和子对象：

图11-67　平台移动完成

- 按住〈Ctrl〉键选择子对象(面、边和顶点)。
- 释放〈Ctrl〉键选择整个对象。

③ 选中所有对象后，按〈Enter〉键。
④ 将光标悬停在小控件上的轴路径，直至该路径变为黄色并显示表示旋转轴的矢量。单击该路径。
⑤ 单击或输入值以指定旋转的角度。

**【实战演练2】** 旋转玉米

命令：_3drotate
UCS当前的正角方向：　ANGDIR=逆时针　ANGBASE=0
选择对象：找到1个　　　　　　　　　　　　　　　　//选择玉米
选择对象：找到1个，总计2个　//结束选择，打开三维旋转小控件，如图11-68所示
指定基点：　　　　　　//指向水平方向旋转条，变为黄色时单击，如图11-69所示
指定旋转角度或［基点(B)/复制(C)/放弃(U)/参照(R)/退出(X)］：
　　　　　　　　　　　　　　　　　　　　　　　//输入旋转角度45°

⑥ 旋转后的玉米如图 11-70 所示。

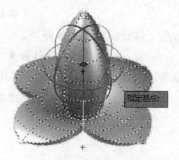

图 11-68　三维旋转控件　　　　图 11-69　水平方向旋转条变为黄色

图 11-70　旋转玉米

### 四、三维镜像

三维镜像可以通过指定镜像平面来镜像对象，或通过指定三个点来指定镜像平面，从而镜像对象，如图 11-71 所示。

三维镜像的操作步骤如下：

① 依次单击"常用"选项卡→"修改"面板→"三维镜像"。

② 选择要镜像的对象。

③ 指定三点以定义镜像平面。

④ 按〈Enter〉键保留原始对象，或输入 Y 将其删除。

图 11-71　三维镜像

**【实战演练 3】** 镜像栏杆

操作步骤如下：

① 复制、移动栏杆，如图 11-72 所示。

图 11-72　放置栏杆　　　　图 11-73　镜像栏杆

② 镜像栏杆,如图 11-73 所示,采用同样的方法可镜像另一侧的直滑梯。
命令:_3dmirror
选择对象:找到 1 个                                    //选择栏杆
选择对象:                                            //确认
指定镜像平面(三点)的第一个点或[对象(O)/最近的(L)/Z 轴(Z)/视图(V)/
    XY 平面(XY)/YZ 平面(YZ)/ZX 平面(ZX)/三点(3)]<三点>:
                                                   //捕捉小平台第 1 个中点
在镜像平面上指定第二点:                                //捕捉小平台第 2 个中点
在镜像平面上指定第三点:                                //捕捉小平台第 3 个中点
是否删除源对象?[是(Y)/否(N)]<否>:                    //按回车键确认

### 五、三维缩放

缩放三维对象的操作步骤如下(使用此方法可以仅沿指定的平面调整对象的大小):

① 依次单击"常用"选项卡→"修改"→"三维缩放" 。

② 通过以下方法选择要缩放的对象和子对象:

● 按住〈Ctrl〉键选择子对象(面、边和顶点)。

● 释放〈Ctrl〉键选择整个对象。

③ 选中所有对象后,按〈Enter〉键。选定的对象或对象的中心处将显示缩放小控件。

④ 可按以下三种缩放方式缩放:

● 沿轴缩放:将光标悬停在小控件的其中一条轴上,直至该轴变为黄色。单击黄色轴,如图 11-74(a)所示。

● 沿平面缩放:将光标悬停于小控件的每条轴之间,并指向其中一个条上,直至该条变为黄色。单击黄色条,如图 11-74(b)所示。

● 统一缩放:将光标悬停在最靠近小控件中心点的三角形区域上,直至该区域变为黄色。单击黄色区域,如图 11-74(c)所示。

图 11-74 缩放方式

⑤ 要调整选区大小,请拖动并释放,或者在按住鼠标按钮的同时输入一个比例因子。

### 六、使用三维小控件

三维小控件可以帮助用户沿三维轴或平面移动、旋转或缩放一组对象。

1. 三维小控件的类型

三维小控件有三种类型,如图 11-75 所示:

（1）三维移动小控件：沿轴或平面重新定位选定的对象。
（2）三维旋转小控件：绕指定轴旋转选定的对象。
（3）三维缩放小控件：沿指定平面或轴或沿全部三条轴统一缩放选定的对象。

(a) 三维移动小控件　　(b) 三维旋转小控件　　(c) 三维缩放小控件

图 11-75　三维小控件

2．三维小控件的使用

（1）先运行命令。如果在选择对象之前开始执行三维移动、三维旋转或三维缩放操作，小控件将置于选择集的中心。使用快捷菜单上的"重新定位小控件"选项可以将小控件重新定位到三维空间中的任意位置。也可以在快捷菜单上选择其他类型的小控件。

（2）先选择对象。如果正在执行小控件操作，则可以重复按空格键以在各类型的小控件之间循环。通过此方法切换小控件时，小控件活动会约束到最初选定的轴或平面上。

执行小控件操作过程中，还可以在快捷菜单上选择其他类型的小控件。

### 七、夹点编辑

使用夹点可以更改三维实体和曲面的大小和形状。

用于操作三维实体或曲面的方法取决于对象的类型以及创建该对象使用的方法。

对于网格对象，仅显示中心夹点。但是，可以使用三维移动小控件、三维旋转小控件或三维缩放小控件编辑网格对象。

1．图元实体形状和多段体

可以拖动夹点以更改图元实体和多段体的形状和大小。例如，可以更改圆锥体的高度和底面半径，而不丢失圆锥体的整体形状。拖动顶面半径夹点可以将圆锥体变换为具有平顶面的圆台，如图 11-76 所示。

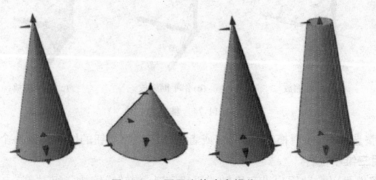

图 11-76　图元实体夹点操作

## 2. 拉伸实体和曲面

通过拉伸二维对象创建三维实体和曲面。选定拉伸实体和曲面时,将在其轮廓上显示夹点。轮廓是指用于定义拉伸实体或曲面的形状的原始轮廓。拖动轮廓夹点可以修改对象的整体形状。

如果拉伸是沿扫掠路径创建的,则可以使用夹点来操作该路径。如果路径未使用,则可以使用拉伸实体或曲面顶部的夹点来修改对象的高度。

## 3. 扫掠实体和曲面

扫掠实体和曲面将在扫掠截面轮廓以及扫掠路径上显示夹点。可以拖动这些夹点以修改实体或曲面。

在轮廓上单击并拖动夹点时,所做更改将被约束到轮廓曲线的平面上,如图 11-77 所示。

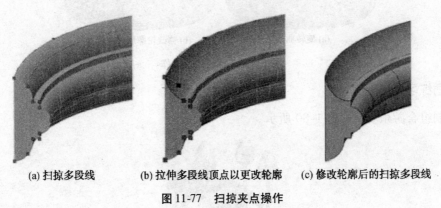

(a) 扫掠多段线　　(b) 拉伸多段线顶点以更改轮廓　　(c) 修改轮廓后的扫掠多段线

图 11-77　扫掠夹点操作

## 4. 放样实体和曲面

根据放样实体和曲面的创建方式,实体或曲面在其定义的直线或曲线上显示夹点的横截面和路径。

拖动定义的任意直线或曲面上的夹点可以修改形状。如果沿路径放样对象,则只能编辑第一个和最后一个横截面之间的路径部分,如图 11-78 所示。

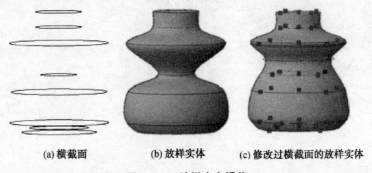

(a) 横截面　　(b) 放样实体　　(c) 修改过横截面的放样实体

图 11-78　放样夹点操作

用户不能使用夹点来修改使用导向曲线创建的放样实体或曲面。

5. 旋转实体和曲面

旋转实体和曲面在位于其起点上的旋转轮廓上显示夹点。可以使用这些夹点来修改曲面的实体轮廓。

在旋转轴的端点处也将显示夹点。将夹点拖动到其他位置，可以重新定位旋转轴，如图 11-79 所示。

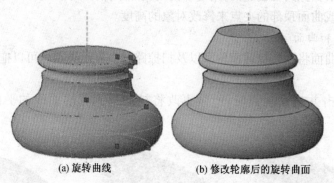

(a) 旋转曲线　　　　　　(b) 修改轮廓后的旋转曲面

图 11-79　旋转夹点操作

### 课后练习

绘制组合游乐场，如图 11-80 所示。

图 11-80　滑梯

# 项目十二

## 综合布线图绘制实例

【学前提示】

综合布线系统指用通信电缆、光缆、各种软电缆及有关连接硬件构成的通用布线系统,它能支持语音、数据、影像和其他信息技术的标准应用系统。《综合布线系统工程设计规范》(GB 50311—2007)规定,在综合布线系统工程设计中,需要按照下列七个部分进行:工作区子系统、配线子系统、干线子系统、管理间、设备间、进线间和建筑群子系统。

1. 工作区子系统

工作区子系统又称为服务区子系统,它由跳线与信息插座所连接的设备组成。其中信息插座包括墙面型、地面型、桌面型等,常用的终端设备包括计算机、电话机、传真机、报警探头、摄像机、监视器、各种传感器件、音响设备等。

2. 配线子系统

配线子系统由工作区信息插座模块、模块到楼层管理间连接缆线、配线架、跳线等组成。

3. 干线子系统

干线子系统提供建筑物的干线电缆,负责连接管理间子系统到设备间子系统的子系统,实现主配线架与中间配线架,计算机、PBX、控制中心与各管理子系统间的连接,该子系统由所有的布线电缆组成,或由导线和光缆以及将此光缆连接到其他地方的相关支撑硬件组合而成。

4. 管理间

管理间内主要安装建筑物配线设备,是专门安装楼层机柜、配线架、交换机的楼层管理间。在交接区应有良好的标记系统,如建筑物名称、建筑物楼层位置、区号、起始点和功能等标志。

5. 设备间

设备间在实际应用中一般称为网络中心或者机房,是在每栋建筑物适当地点进行网络管理和信息交换的场地。

6. 进线间

进线间是建筑物外部通信和信息管线的入口部位,并可作为入口设施和建筑群配线设备的安装场地。

7. 建筑群子系统

建筑群子系统实现楼与楼之间的通信连接,一般采用光缆并配置相应设备,它支持楼宇之间通信所需的硬件,包括缆线、端接设备和电气保护装置。

综合布线常用的图纸类型有以下几种:综合布线系统拓扑(结构)图、综合布线管线路由图、楼层信息点平面分布图、机柜配线架信息点分布图、综合布线施工图和网络中心机柜布局图。

本项目介绍了绘制 5 种类型综合布线图的实例以及如何绘制技能比赛综合布线的系统图和施工图。

【本章要点】

- 绘制综合布线系统图。
- 绘制综合布线系统管线路由图。
- 绘制机柜配线架信息点分布图。
- 绘制网络中心机柜布局图。
- 绘制综合布线施工图。
- 绘制技能比赛系统图。
- 绘制技能比赛施工图。

【学习目标】

- 掌握综合布线系统图及综合布线系统管线路由图的绘制方法。
- 掌握机柜配线架信息点分布图和网络中心机柜布局图的绘制方法。
- 掌握综合布线施工图的绘制方法。
- 掌握技能比赛系统图和施工图的绘制方法。

## 任务一　绘制综合布线系统图

综合布线系统图作为全面概括布线系统全貌的示意图,主要描述进线间、设备间、电信间的设置情况,各布线子系统缆线的型号、规格和整体布线系统结构等内容。

一、名词和术语

系统图常用名词和术语如表 12-1 所示。

表 12-1　系统图常用名词和术语

| ISO/IEC11801 | | TIA/EIA-586-A | |
|---|---|---|---|
| 解　释 | 术　语 | 解　释 | 术　语 |
| 建筑群配线架 | CD | 主配线间 | MDF |
| 建筑配线架 | BD | 楼层配线间 | IDF |
| 楼层配线架 | FD | 通信插座 | IO |
| 通信插座 | IO | 过渡点 | TP |
| 过渡点 | TP | | |

## 二、综合布线采用的主要布线部件

综合布线采用的主要布线部件有下列几种：

- ◆ 建筑群配线架(CD)。
- ◆ 建筑群干线电缆、建筑群干线光缆。
- ◆ 建筑物配线架(BD)。
- ◆ 建筑物干线电缆、建筑物干线光缆。
- ◆ 楼层配线架(FD)。
- ◆ 水平电缆、水平光缆。
- ◆ 转接点(选用)(TP)。
- ◆ 信息插座(IO)。
- ◆ 通信引出端(TO)。

**【实战演练 1】　设置图层**

建立图层，如图 12-1 所示。

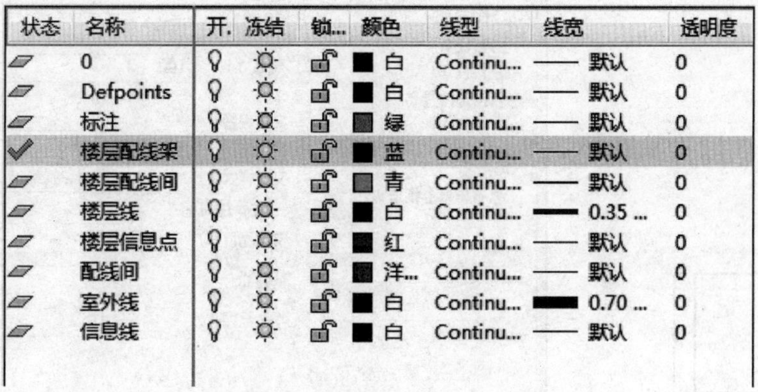

| 状态 | 名称 | 开. | 冻结 | 锁... | 颜色 | 线型 | 线宽 | 透明度 |
|---|---|---|---|---|---|---|---|---|
| | 0 | | | | 白 | Continu... | 默认 | 0 |
| | Defpoints | | | | 白 | Continu... | 默认 | 0 |
| | 标注 | | | | 绿 | Continu... | 默认 | 0 |
| ✓ | 楼层配线架 | | | | 蓝 | Continu... | 默认 | 0 |
| | 楼层配线间 | | | | 青 | Continu... | 默认 | 0 |
| | 楼层线 | | | | 白 | Continu... | 0.35 ... | 0 |
| | 楼层信息点 | | | | 红 | Continu... | 默认 | 0 |
| | 配线间 | | | | 洋... | Continu... | 默认 | 0 |
| | 室外线 | | | | 白 | Continu... | 0.70 ... | 0 |
| | 信息线 | | | | 白 | Continu... | 默认 | 0 |

图 12-1　系统图图层设置

**【实战演练 2】　绘制“楼层配线架”图例**

操作步骤如下：

① 设置楼层配线架为当前图层。

② 绘制楼层配线架，如图 12-2 所示，综合布线系统图对尺寸没有严格要求，如图 12-2

所示为参考尺寸。

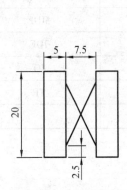

图 12-2　配线架图例

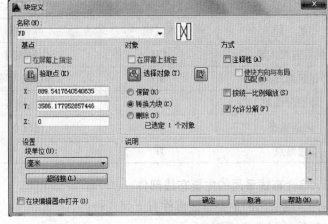

图 12-3　"块定义"对话框

③ 创建块，"块定义"对话框如图 12-3 所示，在"名称"中输入"FD"，单击"基点"栏中的"拾取点（K）"按钮，拾取图形左边直线的中点，单击"对象"栏中的"选择对象（T）"按钮，选择所有图形，单击"确定"按钮即可。

**【实战演练 3】**　绘制"楼层信息点"图例

操作步骤如下：

① 设置"楼层信息点"为当前图层。

② 用同样的方法可绘制楼层信息点和接入"交换机"图例，如图 12-4 所示。

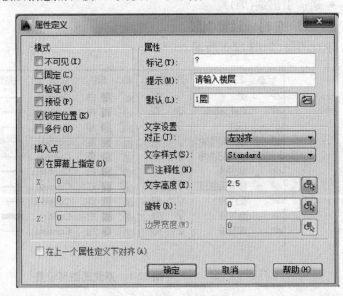

图 12-4　"交换机"图例　　　　图 12-5　"属性定义"对话框

③ 执行"绘图"→"块"→"定义属性"命令，打开如图 12-5 所示的"属性定义"对话框，按图 12-5 所示设置，单击"确定"按钮后，在右侧放置此属性，如图 12-6 所示。

④ 执行"定义块"命令,出现如图 12-7 所示的对话框,输入块名为"IO",注意在选择对象时将图形和刚才定义的属性全部选中,单击"确定"按钮即可。

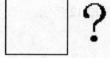

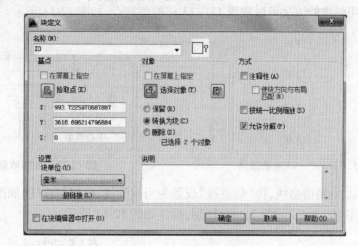

图 12-6 放置属性　　　　　　图 12-7 "块定义"对话框

**【实战演练 4】** 绘制"楼层配线间"图例

如图 12-8 所示,设置"楼层配线间"为当前图层。用类似的方法,可定义"楼层配线间"属性块 IDF。

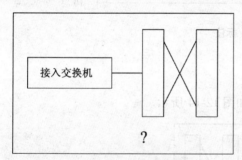

图 12-8 "楼层配线间"图例　　　　　图 12-9 10 层配线间

**【实战演练 5】** 绘制 10 层

10 层为整个楼的网络中心,在其中设有中心机柜,有去向配线室的楼层线和去向 10～13 层的各信息点线。其操作步骤如下:

① 绘制 10 层配线间,如图 12-9 所示。

② 插入楼层信息点,执行命令 INSERT,打开如图 12-10 所示的对话框,选择名称"IO",单击"确定"按钮。

图 12-10 "插入"对话框

指定插入点或 [基点(B)/比例(S)/旋转(R)]： //在合适位置单击鼠标
输入属性值 请输入楼层 <1层>：10层 //输入10层

用同样的方法可以放置11~13层的信息点，如图12-11所示。

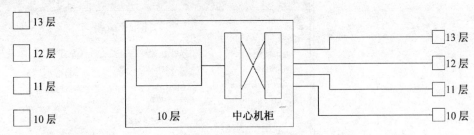

图12-11　10~13层信息点　　　　　图12-12　绘制信息线

③ 绘制信息线，将"信息线"设置为当前图层，绘制信息线，如图12-12所示。
④ 将"标注"设置为当前图层，标注如图12-13所示。

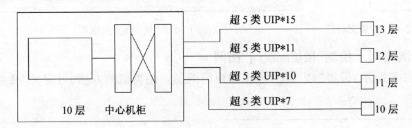

图12-13　标注

【实战演练6】　绘制7、18、26层

操作步骤如下：

① 插入7层配线间，完成后的7层配线间如图12-14所示。

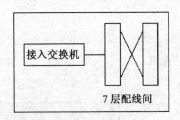

图12-14　7层配线间

命令：_insert //在打开的对话框中选择块IDF
指定插入点或 [基点(B)/比例(S)/旋转(R)]：
　　　　　　　　　　　　　　　　//在10层下面合适的位置单击
输入属性值 输入配线间名称 <10层配线间>：7层配线间
　　　　　　　　　　　　　　　　//输入配线间楼层

② 插入楼层信息点、绘制信息线与标注。

用同样的方法插入楼层信息点，其属性块名为"IO"，并绘制信息线与标注，如图12-15所示。

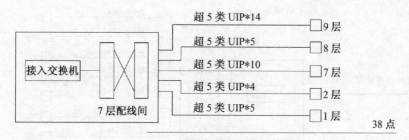

图 12-15　7 层系统图

③ 绘制 18、26 层。

用同样的方法可绘制 18 层和 26 层，注意位置在 10 层的上方。或可使用复制等编辑方法绘制，如图 12-16 和图 12-17 所示。

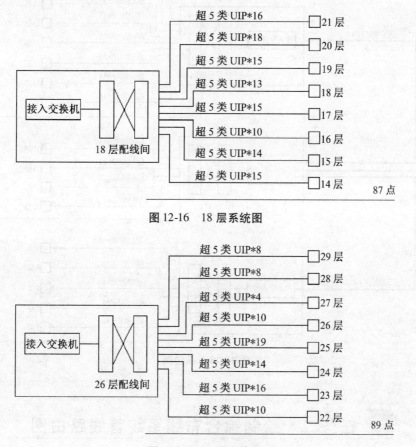

图 12-16　18 层系统图

图 12-17　26 层系统图

【实战演练 7】　绘制中心机柜 10 层到南北各交换机楼层

从 10 层到 7 层和 18 层为楼层线，到 26 层为室外线。完成的系统图如图 12-18 所示。

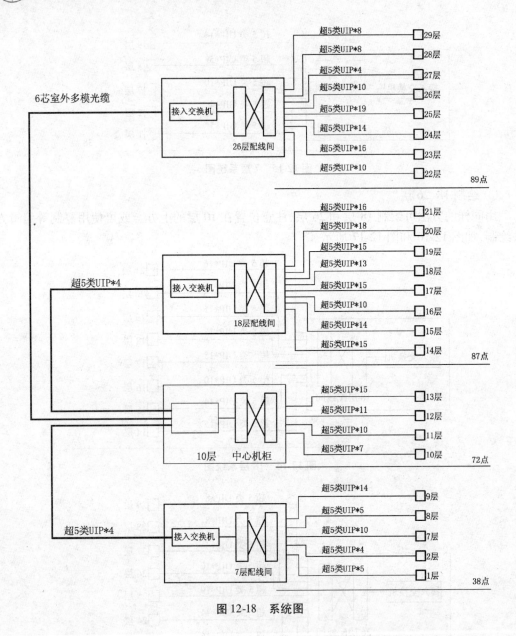

图 12-18 系统图

## 任务二 绘制综合布线系统管线路由图

布线系统管线路由图主要反映主干（建筑群和干线子系统）缆线的布线路由、桥架规格、数量（或长度）、布放的具体位置和布放方法等。

如图 12-19 所示为某学生宿舍楼的综合布线管线路由图，由图中可以看出：

（1）在左侧楼梯布置有 200×120（单位默认为 mm）的竖井，用于垂直布线。

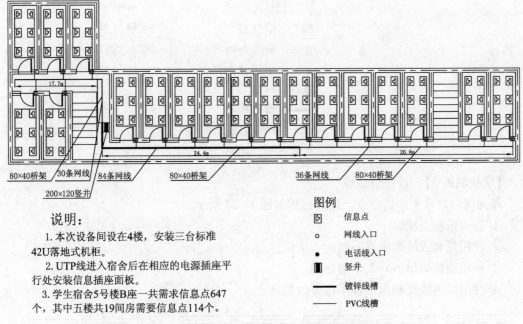

图 12-19 某学生宿舍楼的综合布线管线路由图

（2）整个楼层使用了 80×40 和 120×60 两种桥架，并标注出长度位置和网线数量。

（3）自桥架到宿舍的布线使用 PVC 线槽。

（4）每间宿舍有 6 个信息点，整个楼层 19 间宿舍，共计 114 个信息点。

（5）进入宿舍后在相应的电源插座平行处安装信息插座面板。

【实战演练1】 载入宿舍平面图

宿舍平面图如图 12-20 所示。

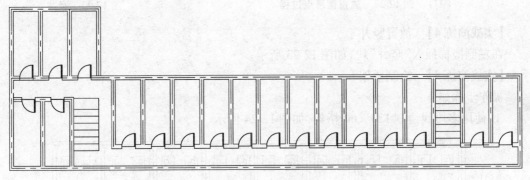

图 12-20 宿舍平面图

【实战演练2】 绘制图例

使用块定义图例"信息点"、"网线入口"、"电话线入口"，这里不再细述具体步骤。如图 12-21 所示为本图所用图例。

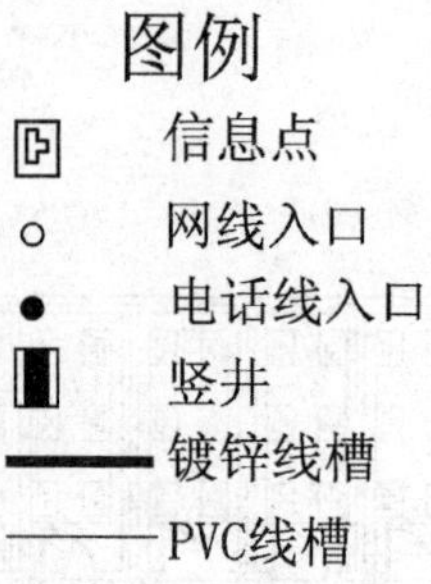

图例

⌐ 信息点
○ 网线入口
● 电话线入口
▮ 竖井
━━━ 镀锌线槽
──── PVC线槽

图 12-21  图例

【实战演练3】 放置信息点

每间宿舍放置 6 个信息点。绘制过程如图 12-22 所示。

① 插入信息点块。
② 使用复制或阵列放置一侧的 3 个信息点。
③ 使用镜像画出另外 3 个信息点。
④ 使用阵列或复制画出各个宿舍的信息点。

图 12-22  放置信息点过程

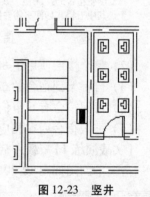

图 12-23  竖井

【实战演练4】 放置竖井

在左侧楼梯插入"竖井"块，如图 12-23 所示。

【实战演练5】 绘制桥架

操作步骤如下：

① 使用多段线绘制 120×60 桥架，如图 12-24 所示。

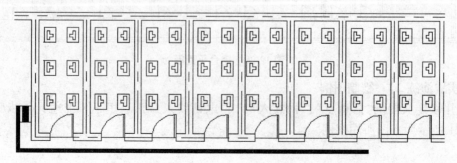

图 12-24  120×60 桥架

② 使用多段线绘制 80×40 桥架，如图 12-25 所示。

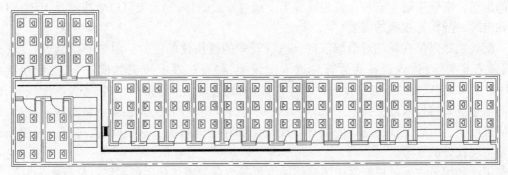

图 12-25　80×40 桥架

【实战演练 6】　绘制网线入口及 PVC 线槽

操作步骤如下：

① 插入"网络入口"，放置网络入口。

② 使用直线绘制 PVC 线槽，如图 12-26 所示。

【实战演练 7】　标注尺寸及竖井、桥架规格、网络数量

操作步骤如下：

① 标注桥架尺寸。

② 标注竖井、桥架规格、网络数量，如图 12-27 所示。

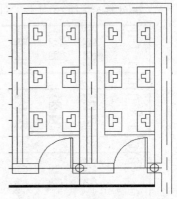

图 12-26　网线入口及 PVC 线槽

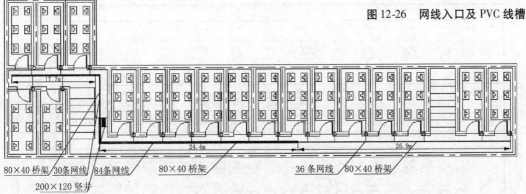

图 12-27　网线入口及 PVC 线槽

## 任务三　绘制机柜配线架信息点分布图

机柜配线架信息点分布图反映机柜中需安装的交换机、配线架和光纤盒等各种设备的数量以及信息点的分布。这个分布图可用图形表示，也常用表格来说明。

交换机（Switch，意为"开关"）是一种用于电信号转发的网络设备。它可以为接入交换机的任意两个网络节点提供独享的电信号通路。

配线架是管理子系统中最重要的组件,是实现垂直干线和水平布线两个子系统交叉连接的枢纽。配线架通常安装在机柜或墙上。通过安装附件,配线架可以全线满足 UTP、STP、同轴电缆、光纤、音视频的需要。

配线架是定位在局端对前端信息点进行管理的模块化的设备。前端的信息点线缆(超5 类或者 6 类线)进入设备间后首先进入配线架,将线打在配线架的模块上,然后用跳线(RJ45 接口)连接配线架与交换机。总体来说,配线架是用来管理的设备,若没有配线架,前端的信息点直接接入到交换机上,那么如果线缆一旦出现问题,就必须重新布线。此外,多次插拔可能会引起交换机端口的损坏。配线架的存在就解决了这个问题,可以通过更换跳线来实现较好的管理。

用法和用量主要是根据系统图总体网络点的数量或者该楼层的网络点数量来配置的。

如图 12-28 所示为上个任务某学生宿舍楼的标准层的机柜配线架信息点分布图,图中,

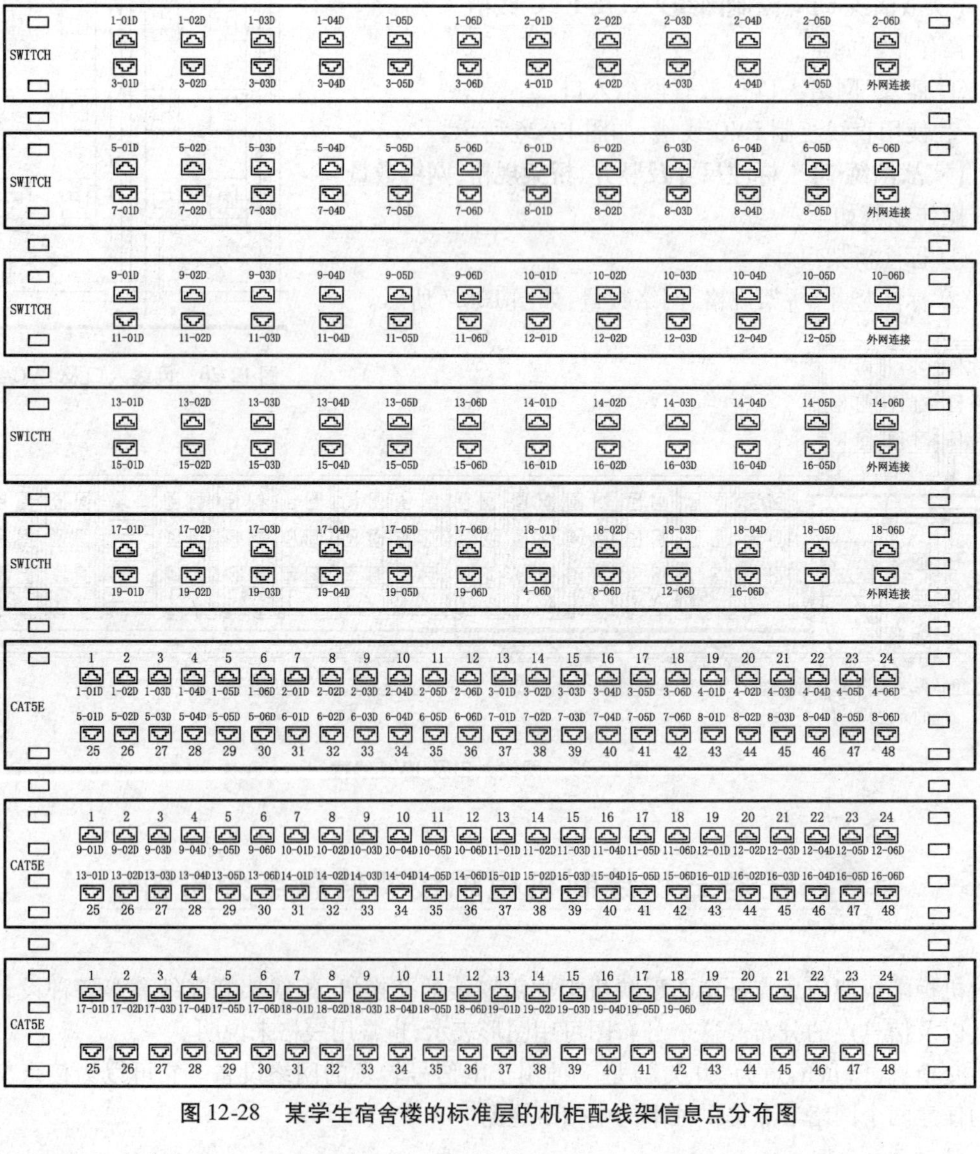

图 12-28　某学生宿舍楼的标准层的机柜配线架信息点分布图

SWITCH 表示交换机,CAT5E 表示超 5 类线配线架。根据信息点数量,分别使用了 5 台 24 口交换机和 3 台 48 口的配线架。

**【实战演练 1】　绘制机柜立面图**

如图 12-29 为机柜立面图,宽度为 600,交换机和配线架内部安装尺寸为 450,安装孔间距为 16,其他尺寸略。绘制过程这里不再详述,注意分图层绘制,机柜用粗实线绘制。

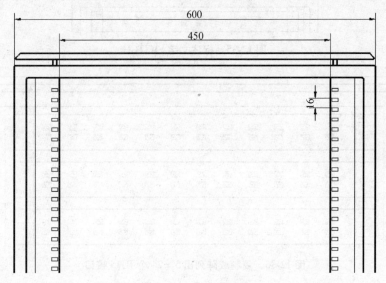

图 12-29　机柜立面图

**【实战演练 2】　绘制交换机示意图**

操作步骤如下:
① 绘制交换机轮廓,注意图层的使用,如图 12-30 所示。
② 绘制 RJ45 接口,并定义为块,如图 12-31 所示。
③ 插入 RJ45 接口块,如图 12-32 所示。
④ 阵列出 12 个 RJ45 接口,如图 12-33 所示。
⑤ 镜像出另外 12 个 RJ45 接口,如图 12-34 所示。
⑥ 标注文字 SWITCH,如图 12-35 所示。
⑦ 复制或阵列出 5×24 个 RJ45 接口,如图 12-36 所示。

图 12-30　交换机轮廓　　　　　　　　图 12-31　RJ45 接口

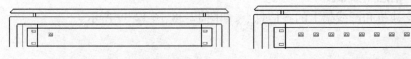

图 12-32　插入 RJ45 接口块　　　　　图 12-33　阵列 12 个 RJ45 接口

图 12-34　镜像另外 12 个 RJ45 接口

图 12-35　标注文字 SWITCH

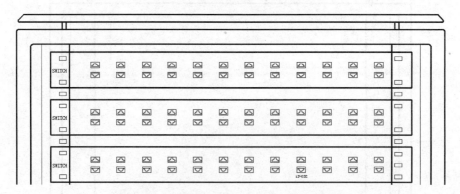

图 12-36　复制或阵列出 5×24 个 RJ45 接口

**【实战演练 3】　绘制配线架示意图**

用与交换机类似的方法绘制配线架示意图，不再详述，如图 12-37 所示。

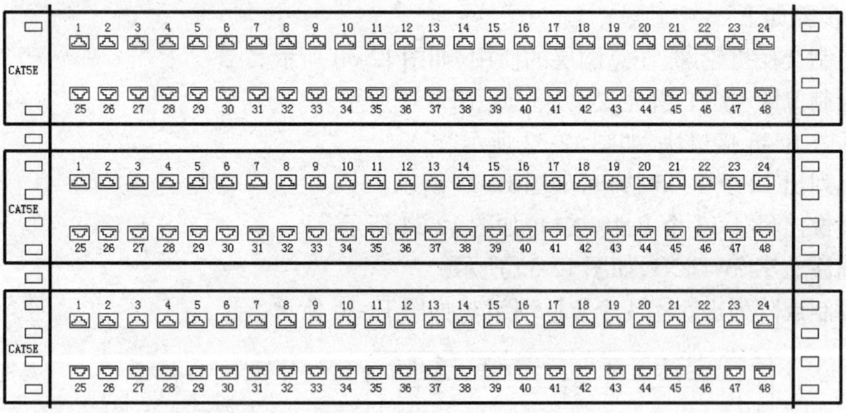

图 12-37　配线架示意图

**【实战演练 4】　信息点分布图**

使用文字标注交换机和配线架上的各信息点，如图 12-38、图 12-39 所示。

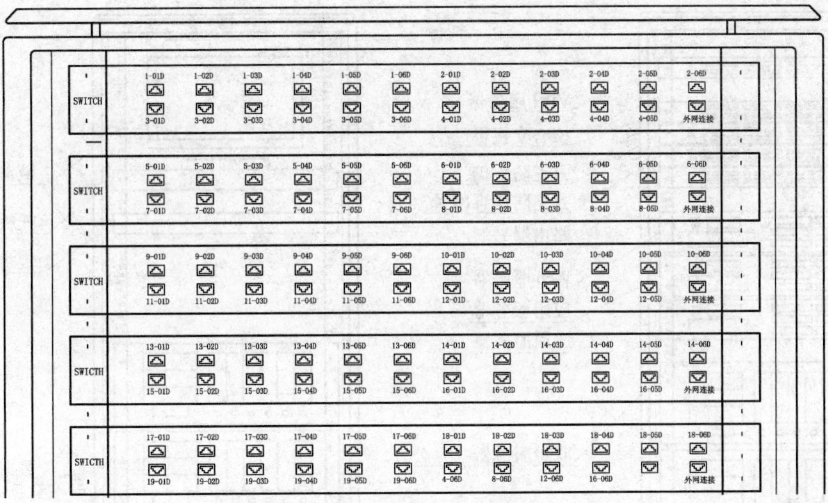

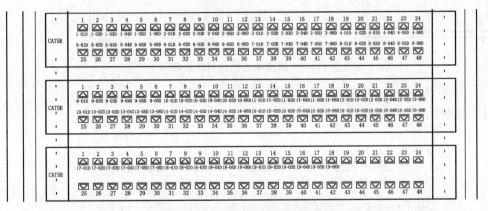

图 12-38　交换机文字标注

图 12-39　配线架上的各信息点文字标注

## 任务四　绘制网络中心机柜布局图

网络中心机柜布局图反映机房中机柜数量、各机柜中需安装的各种设备以及柜中各种设备的安装位置和安装方法。

如图 12-40 所示为网络中心机房机柜布局图，从图上可以看到：

（1）该网络中心有两个机柜。

（2）在第一个机柜中安装有交换机、服务器、网关、防火墙等网络设备。

（3）在第二机柜中安装有服务器、显示器、键盘等设备，其中显示器和键盘使用托架进行安装。

（4）各个设备的类型有 1U、2U 和 4U 等。

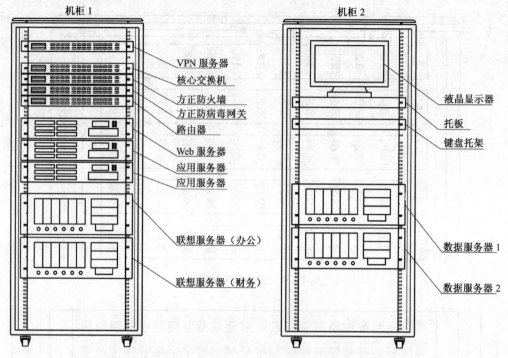

图 12-40　网络中心机房机柜布局图

一、机柜及安装设备示意图

【实战演练 1】　绘制机柜立面图

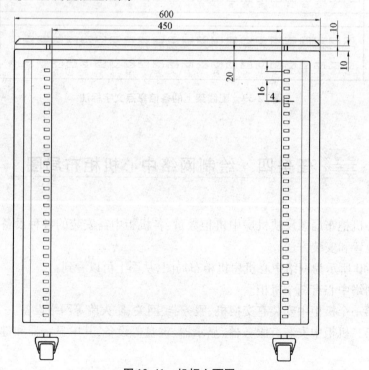

图 12-41　机柜立面图

如图 12-41 为机柜立面图，宽度为 600，交换机和配线架内部安装尺寸为 450，安装孔间距为 16，其他尺寸如图 12-41 所示，机柜的高度见表 12-2。绘制过程这里不再详述，注意分图层绘制，机柜用粗实线绘制。

表 12-2 机柜的高度

| 机柜规格 | 机柜高度/mm |
| --- | --- |
| 20U | 1000 |
| 22U | 1200 |
| 32U | 1600 |
| 37U | 1800 |
| 42U | 2000 |

【实战演练 2】 绘制 1U 设备示意图——以交换机为例

操作步骤如下：

① 绘制 1U 设备轮廓及 RJ45 接口，如图 12-42 所示。

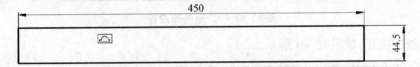

图 12-42　1U 交换机轮廓及 RJ45 接口

② 阵列出 4 个接口，如图 12-43 所示。

③ 镜像出 8 个接口，如图 12-44 所示。

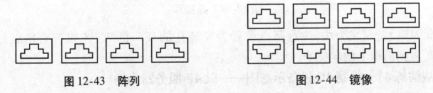

图 12-43　阵列　　　　　　图 12-44　镜像

④ 阵列出 24 个接口，并复制出最右边两个接口，如图 12-45 所示。

图 12-45　阵列

⑤ 用直线、矩形绘制左侧指示部分，如图 12-46 所示。

图 12-46　指示部分

⑥ 绘制连接耳，如图12-47所示。

图12-47  连接耳

⑦ 将1U设备定义为块，注意基点设置为安装孔的某一特殊点（如左上角点），以便于1U设备安装到机柜上的定位。

**【实战演练3】** 绘制2U设备示意图——以2U服务器为例

操作步骤如下：

① 绘制2U设备：使用矩形、圆，通过阵列等编辑手段绘制，宽度为450，高度为89，因为是示意图，其他尺寸可自行确定，如图12-48所示。

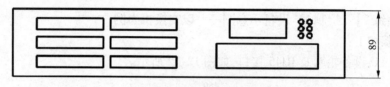

图12-48  2U服务器设备

② 绘制连接耳，如图12-49所示。

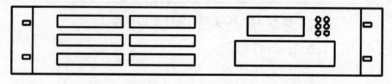

图12-49  连接耳

③ 将2U设备定义为块，注意基点设置为安装孔的某一特殊点（如左上角点），以便于2U设备安装到机柜上的定位。

**【实战演练4】** 绘制4U设备示意图——以4U服务器为例

操作步骤如下：

① 绘制2U设备：使用矩形、圆，通过阵列等编辑手段绘制，宽度为450，高度为178，因为是示意图，其他尺寸可自行确定，如图12-50所示。

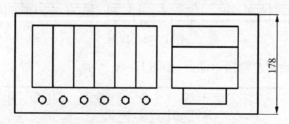

图12-50  4U服务器设备

② 绘制连接耳,如图 12-51 所示。

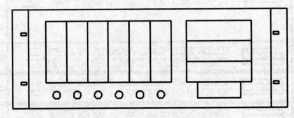

图 12-51 连接耳

③ 将 4U 设备定义为块,注意基点设置为安装孔的某一特殊点(如左上角点),以便于 4U 设备安装到机柜上的定位。

【实战演练 5】 绘制托架示意图

托架示意图可用 1U 设备修改而成,如图 12-52 所示。将托架定义为块,注意基点设置为安装孔的某一特殊点(如左上角点),以便于托架安装到机柜上的定位。

图 12-52 托架示意图

【实战演练 6】 显示器示意图

显示器示意图可用矩形、直线、圆弧等进行绘制,如图 12-53 所示。

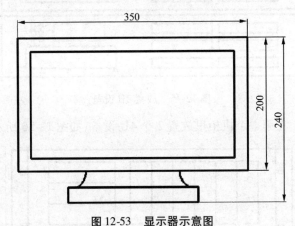

图 12-53 显示器示意图

二、绘制网络中心机柜布局图

【实战演练 7】 放置机柜与网络设备

操作步骤如下:

① 放置两个机柜。

② 插入 1U 图块,在第一个机柜里放置 5 个 1U 设备,如图 12-54 所示。

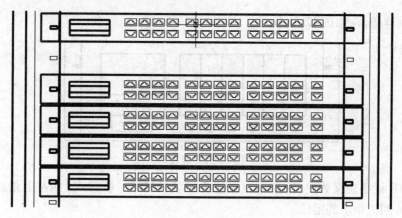

图 12-54　放置 1U 设备

③ 插入 2U 图块,在第一个机柜里放置 3 个 2U 设备,如图 12-55 所示。

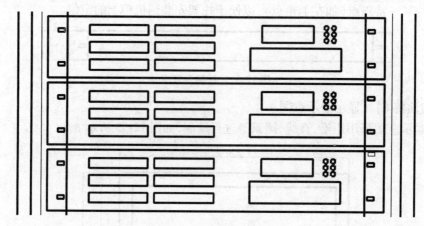

图 12-55　放置 2U 设备

④ 插入 4U 图块,在第一个机柜里放置 2 个 4U 设备,如图 12-56 所示。

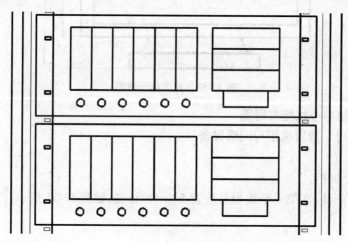

图 12-56　放置 4U 设备

⑤ 插入托架图块,在第二个机柜里放置2个托架设备,如图12-57所示。

图12-57 放置托架

⑥ 插入图块,在第二个机柜的第一个托架上放置显示器,如图12-58所示。

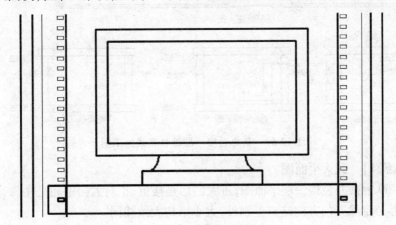

图12-58 放置显示器

⑦ 插入4U图块,在第二个机柜上放置2个4U设备。

**【实战演练8】 标注设备类型**

使用文字标注设备文字,如图12-40所示。

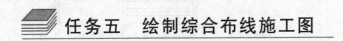

## 任务五 绘制综合布线施工图

综合布线施工图用来表示施工的全部尺寸、用料、结构、构造以及施工要求,是用于指导施工的图样。技术人员可依此进行交流,依据施工图进行设计施工、购置设备材料、编制审核工程概预算,指导网络设备的运行、维护和检修等。

如图12-59所示为某办公楼1层综合布线施工图,从图上可以看到:

(1) 在该层最西侧的房间设有机房,放有32U机柜。

(2) 在该层楼道西侧设有电井,作为各楼层线缆通道。

(3) 在楼道中设有桥架,在平面施工图中可以看到其在水平方向上的情况,在桥架施工图中可以看到其高度情况。

(4) 在平面施工图中可以看到各信息点在水平方向的情况、采用的材料和铺设的方法,在链路施工图中可以看到各信息点在高度方向的走线情况。

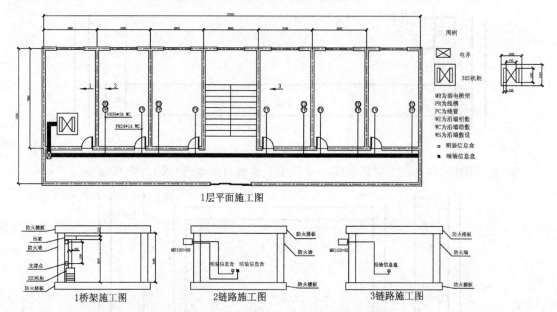

图 12-59　某办公楼一层综合布线施工图

**【实战演练1】　载入平面图**

如图 12-60 为某办公楼一层平面图，进大门后是楼道，正对大门中间是楼梯，两边各是 3 间办公室。办公室除开门方向略有差别外，大小结构大致相同。

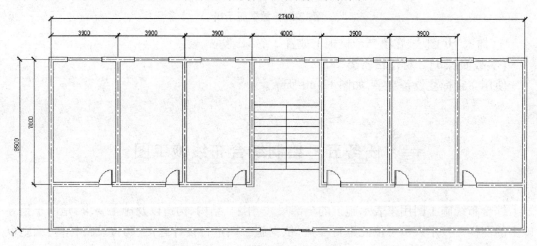

图 12-60　某办公楼一层平面图

**【实战演练2】　绘制图例**

操作步骤如下：

① 绘制电井。使用矩形、直线绘制，然后定义为块。电井的尺寸是 100×60，在插入块时可根据需要进行缩放，如图 12-61 所示。

② 绘制 32U 机柜。使用矩形、直线绘制，然后定义为块。尺寸如

图 12-61　电井

图 12-62 所示,在插入块时可根据需要进行缩放。

③ 绘制信息盒。信息盒有两种,一种是明装信息盒,另一种是暗装信息盒。使用矩形绘制,暗装信息盒进行填充,分别定义为块,如图 12-63 所示。

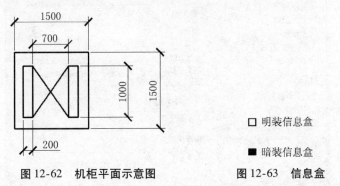

图 12-62　机柜平面示意图　　　　图 12-63　信息盒

④ 添加文字说明:MR 为弱电桥架,PR 为线槽,PC 为线管,WE 为沿墙明敷,WC 为沿墙暗敷,WS 为沿墙敷设。

【实战演练3】　绘制平面施工图

操作步骤如下:

① 放置电井。插入电井块,放置在平面图楼道的最西侧,如图 12-64 所示。

② 放置 32U 机柜。插入 32U 机柜块,放置在平面图最西侧的房间,如图 12-64 所示。

③ 绘制桥架。使用多段线绘制桥架,多段线宽度为 250。

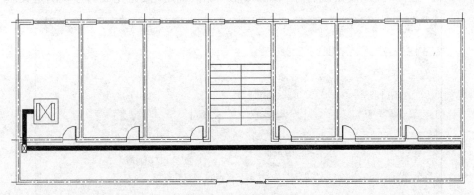

图 12-64　平面施工图

④ 绘制信息点。信息点有三种,TP 代表语音点(电话),TO 代表数据点(即电话或网络),TV 代表有线电视。使用属性块进行绘制。

　　a. 绘制圆,直径为 400。

　　b. 插入属性,用以在插入时输入 TP、TO、TV 等。

选择"绘图"→"块"→"定义属性"命令,在打开的"属性定义"对话框中进行设置,如图 12-65 所示。设置标记为"?",提示为"输入信息点类型",默认为"TP",对正为"中间",文字高度为"250"。

图 12-65 "属性定义"对话框

c. 定义信息点属性块。

选择"绘图"→"块"→"定义块",在打开的"块定义"对话框中进行设置,如图 12-66 所示,"名称"设为"xxd";单击"拾取点"按钮,为了后面插入时放置方便,在图中选择圆的最下面的点;单击"选择对象"按钮,选择图形和属性,单击"确定"按钮完成属性块的定义。

图 12-66 "块定义"对话框

d. 根据需要插入信息点,并用直线绘制从桥架至信息点的网线,如图 12-67 所示。

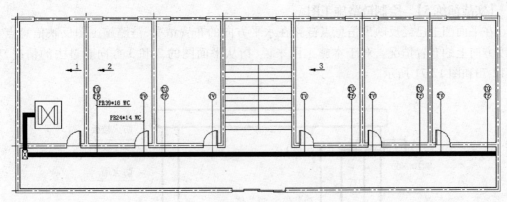

图 12-67　信息点

**【实战演练 4】　绘制桥架施工图**

在平面图上已经可以反映桥架在水平方向的布置情况,桥架施工图主要反映桥架在高度方向的布置情况。操作步骤如下：

① 绘制房间立面图。

绘制从平面图 1 方向看过去的房间立面图,高度如图 12-68 所示,其他尺寸参考平面图。

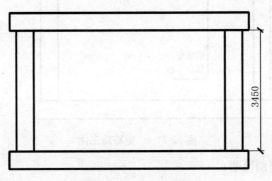

图 12-68　房间立面图

② 绘制桥架施工图。

机柜、桥架、吊架等具体尺寸见图 12-69。

③ 标注文字说明,如图 12-69 所示。

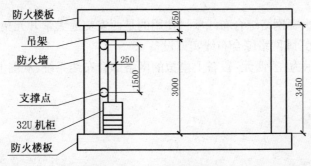

图 12-69　1 桥架施工图

**【实战演练 5】** 绘制链路施工图

在平面图上已经反映出信息点链路在水平方向的布置情况,链路施工图反映信息点在高度方向上的布置情况。对于本施工图来说,指从平面图的 2 和 3 方向看过去的情况,如图 12-70 和图 12-71 所示。

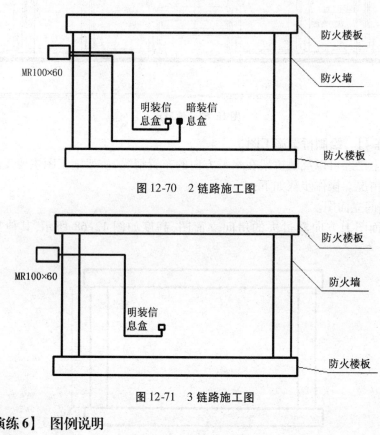

图 12-70　2 链路施工图

图 12-71　3 链路施工图

**【实战演练 6】** 图例说明

见图 12-59。

## 任务六　绘制技能比赛系统图

职业学校技能大赛网络综合布线项目使用的是西安交通大学开元集团西安开元电子实业有限公司的"西元"牌网络综合布线实训设备。

如图 12-72 所示为在"西元"设备上模拟的网络综合布线系统,从图上可以看到:

项目十二 综合布线图绘制实例 235

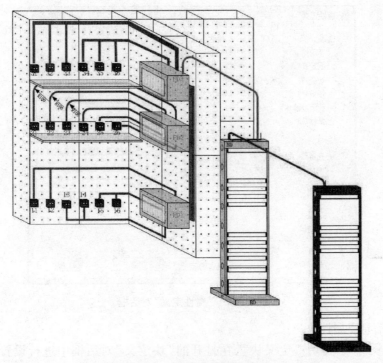

图 12-72 网络综合布线系统

（1）本系统能够清晰地模拟综合布线系统物理结构和布线方式。

（2）它是一个 CD – BD – FD – TO 的网络系统。CD 是"建筑群配线架"，用于端接建筑群互相之间的连接缆线。BD 是建筑物配线设备，即大楼配线架。FD 是楼层配线架，从图上可以看出本系统模拟了三层楼。TO 是集合点、信息点，即通到每个房间和网络终端设备的接口。

（3）系统中有网络综合布线使用的网络插座、模块、线槽、线管等。

【实战演练1】 绘制图例

本系统含有三种配线架，它们分别是 CD 建筑群配线架、BD 大楼配线架和 FD 楼层配线架。操作步骤如下：

① 绘制配线架图形，如图 12-73 所示，在 A4 图幅中绘制，可参考图 12-73 尺寸。

② 定义属性：用以在插入时输入 TP、TO、TV 等。

选择"绘图"→"块"→"定义属性"，在打开的"属性定义"对话框中进行设置，如图 12-74 所示。设置标记为"?"，提示为"输入配线架类型"，默认为"FD"，对正为"左对齐"，文字高度为"4.5"。

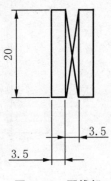

图 12-73 配线架

图 12-74 "属性定义"对话框

③ 定义信息点属性块。

选择"绘图"→"块"→"定义块",在打开的"块定义"对话框中进行设置,如图 12-75 所示,设置名称为"pxj";单击"拾取点"按钮,为了后面插入时放置方便,在图中选择矩形的左下角点;单击"选择对象"按钮,选择图形和属性,单击"确定"按钮,完成属性块的定义。

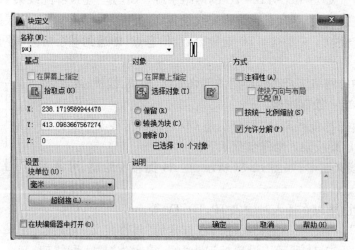

图 12-75 "块定义"对话框

④ 绘制信息盒。信息盒有单孔和双孔的两种,可用矩形、圆和文字来绘制,并分别定义为块,如图 12-76 所示。

图 12-76 信息盒

【实战演练 2】 绘制系统图

操作步骤如下:

① 插入配线架块,其属性分别是 CD、BD、FD1、FD2 和 FD3,如图 12-77 所示。

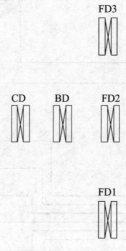

图 12-77 配线架

② 绘制 FD1 信息盒。

从图 12-72 可以看出 FD1 层有三个房间,其中两个房间中各有两个双孔信息盒,另一个房间有两个单孔信息盒。

插入信息盒块,如图 12-78 所示。

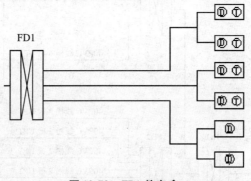

图 12-78 FD1 信息盒

③ 绘制 FD2 和 FD3 信息盒。

FD2 有 6 个房间,每个房间均有一个双孔信息盒。FD3 有两个房间,分别安装有 3 个双孔信息盒,如图 12-79 所示。

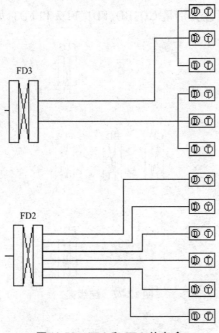

图 12-79　FD2 和 FD3 信息盒

④ 线缆及线缆说明。使用直线、文字等绘制,完成的图纸如图 12-80 所示。

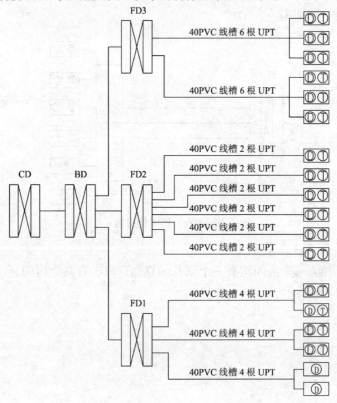

图 12-80　线缆及线缆说明

# 任务七 绘制技能比赛施工图

如图 12-81 所示为在"西元"设备上模拟的网络综合布线系统,在此系统的综合布线施工图中应表达出施工的全部尺寸、用料、结构、构造以及施工要求,用于指导比赛中的施工。

技能比赛中施工图应包括施工平面图、施工立面图和施工侧立面图等。

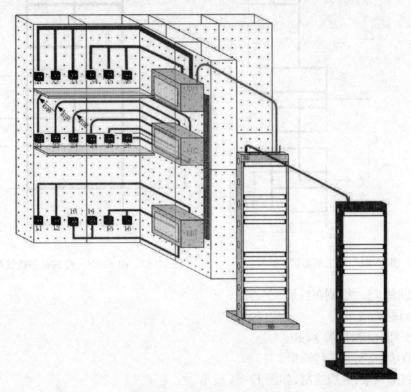

图 12-81 网络综合布线系统

## 一、绘制施工平面图

施工平面图是从平面图方向表达综合布线的施工情况,其中表达出网络布线整体 CD – BD – FD – TO 的结构情况,并应标注出各距离尺寸。完成的施工平面图如图 12-82 所示。

**【实战演练1】 绘制配线架**

操作步骤如下:

① 绘制建筑群配线架,尺寸如图 12-83 所示。

② 复制建筑大楼配线架,并画出建筑群配线架至建筑大楼配线架连接线,如图 12-83 所示。

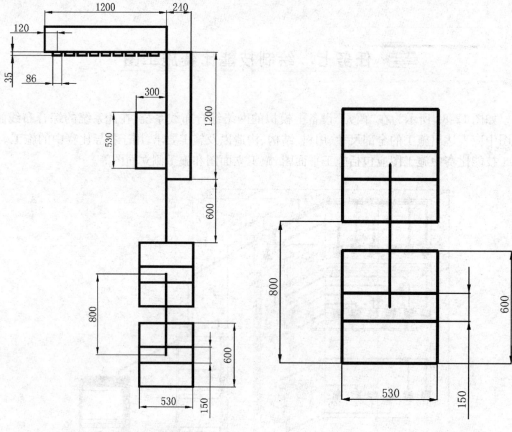

图 12-82　施工平面图　　　图 12-83　图 12-83　建筑群和建筑配线架

**【实战演练 2】　绘制布线墙**

操作步骤如下：

① 水平墙：矩形 1200×240。

② 垂直墙：复制并旋转矩形。

③ 墙到配线架：直线绘制，如图 12-84 所示。

**【实战演练 3】　绘制楼层配线架**

使用直线在垂直墙绘制楼层配线架，如图 12-85 所示。

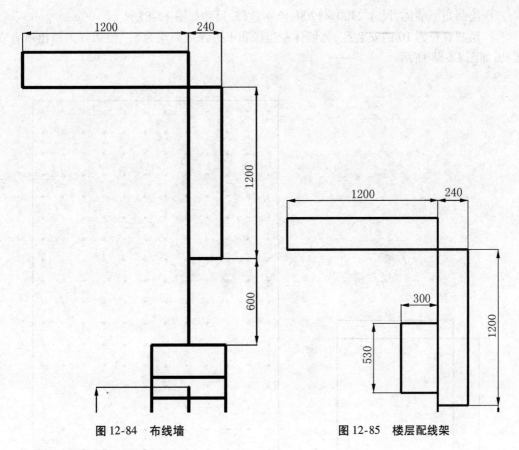

图 12-84 布线墙　　　　　　　　图 12-85 楼层配线架

【**实战演练 4**】 绘制信息盒
操作步骤如下：
① 在水平墙使用直线绘制一个信息盒。
② 使用阵列复制出 6 个信息盒，如图 12-86 所示。

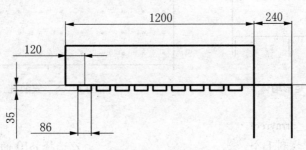

图 12-86 信息盒

二、绘制施工立面图
施工立面图可反映出信息盒的安装、线槽的安放与规格等。
【**实战演练 5**】 绘制布线墙
操作步骤如下：

① 绘制矩形墙体，尺寸 2400×1200，绘制地脚，尺寸如图 12-87 所示。
② 绘制直径为 10 的安装孔，与墙体左边缘和下边缘距离均为 5。使用阵列画出所有安装孔，如图 12-88 所示。

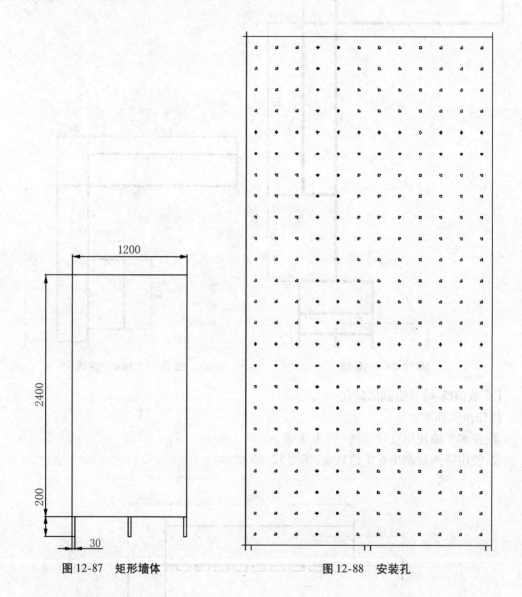

图 12-87　矩形墙体　　　　　　　　图 12-88　安装孔

命令：_arrayrect
选择对象：找到 1 个　　　　　　　　　　　//选择 φ10 的小圆
选择对象：　　　　　　　　　　　　　　//按空格键或回车键确认选择结束
类型 = 矩形　关联 = 是
选择夹点以编辑阵列或 [关联(AS)/基点(B)/计数(COU)/间距(S)/列数
　(COL)/行数(R)/层数(L)/退出(X)] <退出>：col
　　　　　　　　　　　　　　　　　　//输入 col 以指定列数

输入列数数或 [表达式(E)] <4>: 12    //输入12,12列
指定列数之间的距离或 [总计(T)/表达式(E)] <15>: 100
                                    //输入列间距100
选择夹点以编辑阵列或 [关联(AS)/基点(B)/计数(COU)/间距(S)/列数
    (COL)/行数(R)/层数(L)/退出(X)] <退出>: r
                                    //输入r以指定行数
输入行数或 [表达式(E)] <3>: 24    //输入24,24行
指定行数之间的距离或 [总计(T)/表达式(E)] <15>: 100
                                    //输入行间距100
指定行数之间的标高增量或 [表达式(E)] <0>:
                                    //按空格键或回车键确认阵列结束

**【实战演练6】 绘制信息盒块**

信息盒块有单孔和双孔两种,绘制完成后需分别定义为块,为了插入块放置方便,定义块时的基点选择为矩形对角线的交点,如图12-89所示。

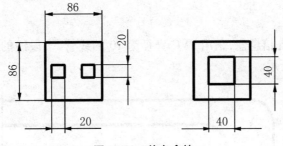

图12-89 信息盒块

**【实战演练7】 绘制FD1、FD2和FD3布线图**

操作步骤如下:

① FD1层布线。

FD1层有4个双孔信息盒和2个单孔信息盒,根据需要插入单孔或双孔信息盒,注意放置时捕捉安装孔的圆心,如图12-90所示。

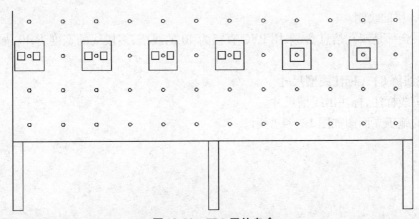

图12-90 FD1层信息盒

使用多段线绘制线槽,选用规格为 40 的线槽,故多段线的宽度是 40。绘制时注意捕捉安装孔的圆心,如图 12-91 所示。

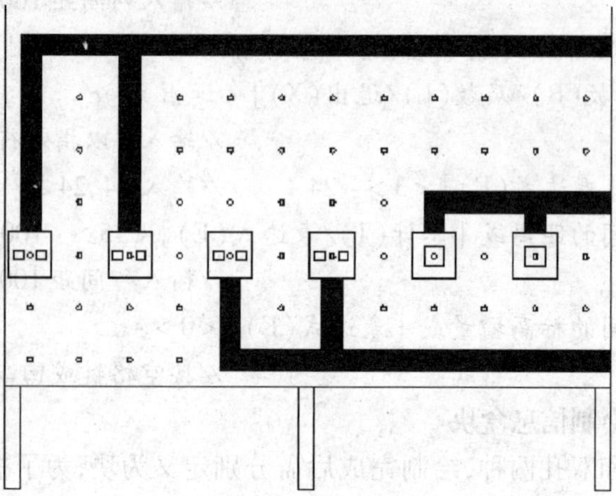

图 12-91　线槽

② FD2 层的绘制。

FD2 层全部是双孔信息盒,采用 PVC 直径为 10 的线管,多段线的宽度为 10,导圆角半径为 10,如图 12-92 所示。

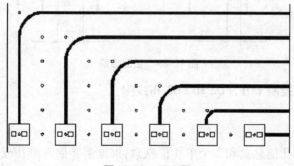

图 12-92　FD2 层

③ FD3 层的绘制。

FD3 层全部是双孔信息盒,采用 PVC 直径为 40 的线槽,多段线的宽度为 40,如图 12-93 所示。

【实战演练 8】　标注线槽尺寸

使用引线标注,标注出线槽尺寸。

完成的施工立面图如图 12-94 所示。

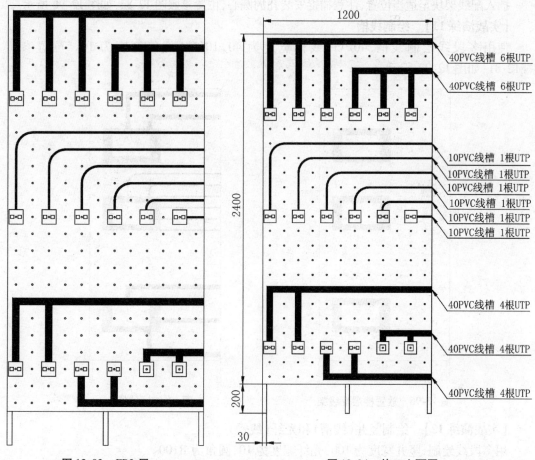

图 12-93　FD3 层　　　　　图 12-94　施工立面图

### 三、绘制施工侧立面图

施工侧立面图可反映出楼层配线架的安装、线槽的安放等。

**【实战演练 9】 绘制布线墙**

与施工立面图类似,这里不再详述。

**【实战演练 10】 绘制楼层配线架**

绘制回字形配线架模型,填充,并定义为块,尺寸如图 12-95 所示。

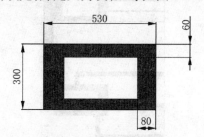

图 12-95　楼层配线架

插入配线架块至适当位置,注意捕捉安装孔的圆心,位置参照图12-82,如图12-96所示。

**【实战演练11】 绘制线槽**

使用多段线绘制线槽,40PVC 线槽宽度为 40,10PVC 线管宽度为 10。位置参照图12-81,如图12-97所示。

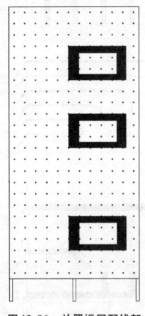

图12-96　放置楼层配线架

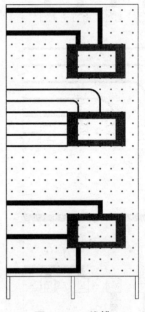

图12-97　线槽

**【实战演练12】 绘制竖井(线槽)和光纤(线管)**

用多段线绘制,竖井宽度为 100,光纤宽度为 10,圆角为 R100。

完成的侧立面图如图12-98所示。

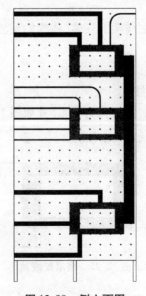

图12-98　侧立面图

## 课后练习

(1) 绘制如图 12-99 所示的三层施工平面图、桥架施工图和链路施工图。

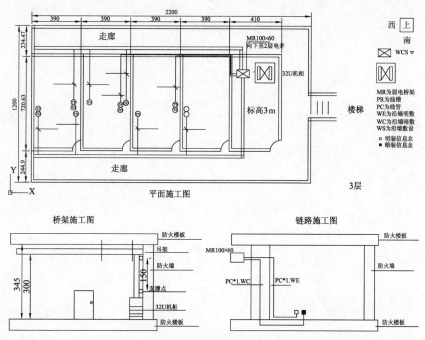

图 12-99　三层施工平面图、桥架施工图和链路施工图

(2) 绘制如图 12-100 所示的综合布线比赛系统图和施工图。

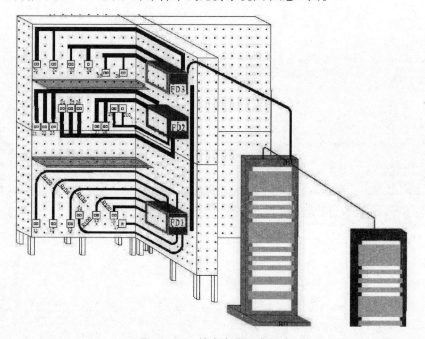

图 12-100　综合布线比赛系统